CATALOGUE

DES

LÉPIDOPTÈRES

DU DÉPARTEMENT DU PUY-DE-DOME,

PAR

GUILLEMOT (Antoine),

DE THIERS,

Membre de la Société Entomologique de France, Membre correspondant de la Société Linnéenne de Lyon.

OUVRAGE COURONNÉ PAR L'ACADÉMIE DES SCIENCES, BELLES-LETTRES ET ARTS
DE CLERMONT-FERRAND.

(MÉDAILLE D'OR.)

Perfecti sunt cœli et terra, et omnis ornatus eorum.
(Gen., II, 1.)

CLERMONT-FERRAND,

IMPRIMERIE DE THIBAUD-LANDRIOT FRÈRES, LIBRAIRES,

Rue Saint-Genès, 10.

1854.

CATALOGUE

DES

LÉPIDOPTÈRES

DU DÉPARTEMENT DU PUY-DE-DOME.

CATALOGUE

DES

LÉPIDOPTÈRES

DU DÉPARTEMENT DU PUY-DE-DOME,

PAR

GUILLEMOT (Antoine),

DE THIERS,

Membre de la Société Entomologique de France, Membre correspondant de la Société Linnéenne de Lyon.

OUVRAGE COURONNÉ PAR L'ACADÉMIE DES SCIENCES, BELLES-LETTRES ET ARTS DE CLERMONT-FERRAND.

Perfecti sunt cœli et terra, et omnis ornatus eorum.
(Gen., II, 1.)

CLERMONT-FERRAND,

IMPRIMERIE DE THIBAUD-LANDRIOT FRÈRES, LIBRAIRES,

Rue Saint-Genès, 10.

1854.

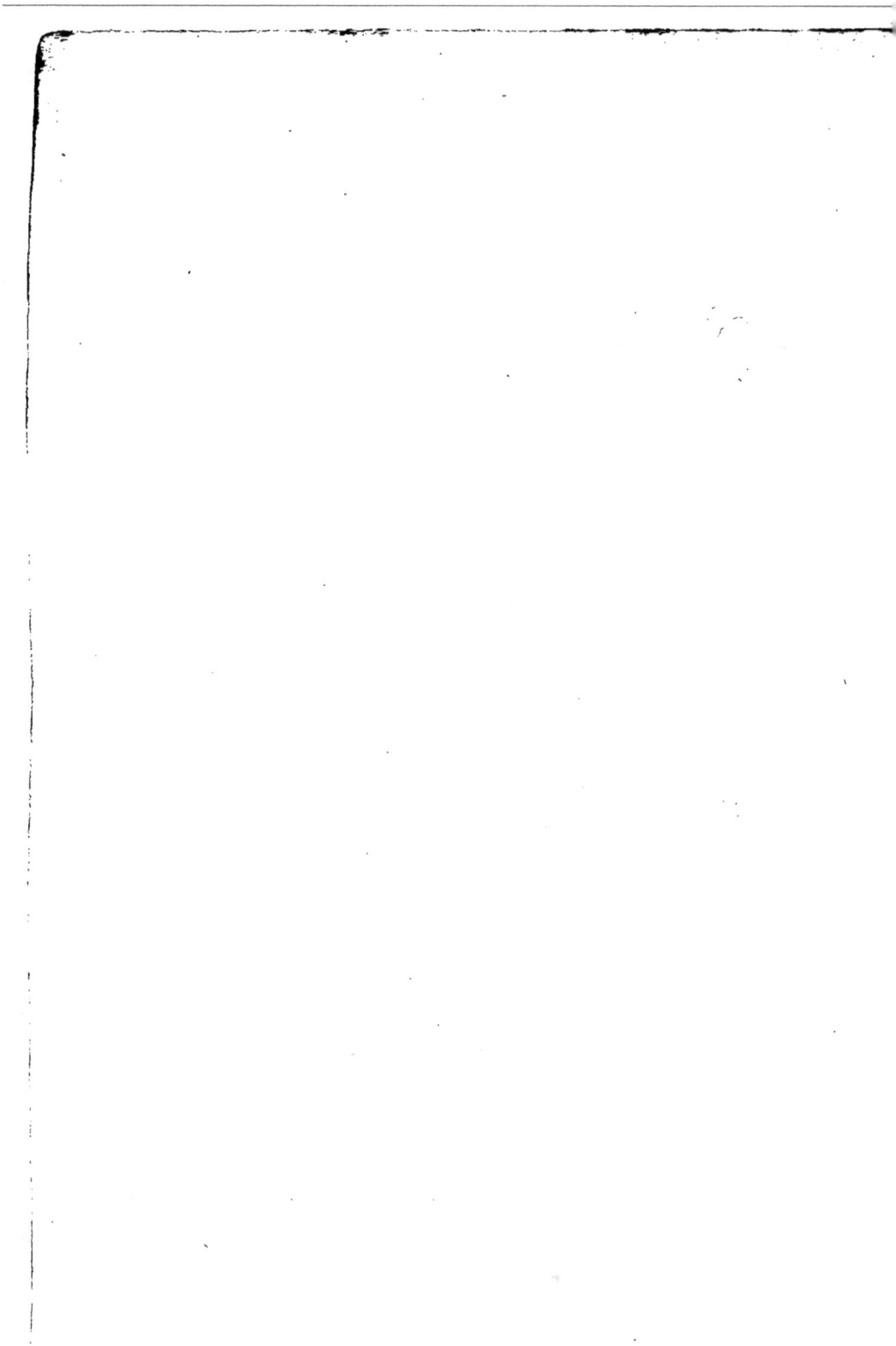

RAPPORT

SUR UN TRAVAIL INTITULÉ :

CATALOGUE DES LÉPIDOPTÈRES

DU DÉPARTEMENT DU PUY-DE-DOME,

et ayant pour devise :

PERFECTI SUNT CŒLI ET TERRA ET OMNIS ORNATUS EORUM.

(Gen., ii, 1.)

Comm. MM. LECOQ, LAMOTTE, rapporteur.

MESSIEURS ,

Dans sa séance du 7 août 1851, l'Académie a proposé d'accorder des médailles aux meilleurs mémoires qui lui seraient adressés sur l'Auvergne.

Proposition très-vaste qui laisse un champ immense ouvert aux recherches des concurrents, et cependant, Messieurs, l'histoire naturelle compte un si petit nombre d'adeptes dans notre province, que peu de naturalistes ont répondu à votre appel. L'an dernier vous avez eu à couronner deux mémoires très-remarquables sur la paléontologie, cette année un seul vous a été présenté, il traite des Lépidoptères du département du Puy-de-Dôme.

C'est au nom et en qualité de rapporteur de la commission que vous avez nommée pour vous rendre compte de ce travail, que je prends aujourd'hui la parole.

Comme l'auteur, en commençant son avant-propos, fait remarquer le petit nombre d'ouvrages scientifiques qui existent concernant l'Auvergne, je vous demanderai, Messieurs, qu'il me soit permis d'abord de jeter un coup d'œil rapide sur les recherches de ce genre qui ont été publiées sur cette contrée.

Si l'on en excepte la géologie et la minéralogie que les nombreux travaux de Ramond, de Buch, de Montlosier, de MM. Lecoq, Bouillet, Peghoux, Baudin, etc., ont fait connaître; la paléontologie, dont MM. l'abbé Croizet, de Parieu, de Laizer, Pomel, Bravard, etc., ont montré les richesses, il nous reste bien peu de choses pour les autres sciences. La botanique est à peine ébauchée; la zoologie n'a encore été étudiée que dans deux de ses divisions, l'ornithologie dont Culhat-Chassis, MM. Baudet-Lafarge et de Chalaniat nous ont donné de précieux catalogues, et la conchyliologie qui a été l'objet des recherches de M. Bouillet. Quant à l'entomologie ou l'histoire des insectes dont les innombrables espèces ont été divisées en douze classes, personne ne s'en est encore occupé, à l'exception toutefois des coléoptères, sur lesquels Baudet-Lafarge père avait, sous le titre d'*Essai*, commencé un travail bien remarquable, que malheureusement il n'a pas achevé ; outre ce travail rien n'a été écrit sur cette grande division du règne animal.

Combien cependant il y a à explorer, et que d'études à faire sur les diverses classes d'insectes de notre province ; car le peu que j'ai recueilli dans chacune des divisions de l'entomologie m'a laissé apercevoir les immenses richesses que possède l'Auvergne.

Les Lépidoptères ou papillons ont de tout temps fixé plus spécialement l'attention des naturalistes, et c'est presque toujours par là que les jeunes entomologistes débutent, attirés par les brillantes couleurs de ces charmants insectes. C'est aussi sur cette classe qu'est écrit le premier travail qui vous est présenté pour le concours, et que vous avez soumis à notre appréciation.

L'étude des Lépidoptères n'est pas, comme cela paraît à beaucoup de personnes, entraînées à leur insu par les froides tendances du positivisme de notre époque, une étude vaine et sans résultats, bonne tout au plus à amuser des enfants ; l'on peut, au contraire, et même au point de vue de l'intérêt matériel, retirer de précieux avantages de la connaissance certaine des papillons d'une contrée, de leurs mœurs, de l'époque de leur apparition, et surtout de la manière de vivre de leurs chenilles. Combien cette science serait utile aux agriculteurs et aux horticulteurs pour préserver leurs récoltes qui sont souvent détruites par un ennemi invisible, insaisissable qui n'est autre qu'une petite chenille qui se cache en terre pendant le jour et ne vient faire ses ravages que la nuit. Peut-être aussi arriverait-on, cette science devenant plus vulgaire, à utiliser la soie formée par certaines espèces de *Bombyx* très-communs dans notre pays, soie qui, quoique grossière, pourrait servir à beaucoup d'usages, et qui sait si l'on ne parviendrait pas à tirer un parti très-utile des vastes poches soyeuses des différentes espèces de *Bombyx* processionnaires? Mais ce ne sera qu'en indiquant aux praticiens quelle est la manière de vivre de telle ou telle chenille, à quelle époque elle apparaît, quelles conditions sont nécessaires pour étendre ou restreindre son développement numérique, de quelle manière elle construit son cocon, quelle en est la substance, qu'ils pourront rechercher à employer avantageusement les produits de ces insectes.

Le travail dont votre commission vient vous rendre compte est intitulé : Catalogue des Lépidoptères du département du Puy-de-Dôme, et a pour devise : *Perfecti sunt cœli et terra, et omnis ornatus eorum.* (Gen., ii, 1).

Dans son avant-propos, l'auteur expose le plan de son travail ; il énumère les localités qu'il a pu explorer, il passe en revue les genres dont il croit avoir découvert presque toutes les espèces, et ceux qui ont encore besoin de beaucoup d'études avant d'être entièrement connus. Il donne ensuite divers procédés pour chasser les papillons, surtout les nocturnes ; il indique les moyens les plus sûrs pour se procurer les chenilles, la manière de les élever, et les soins qu'il faut prendre pour conserver leurs cocons jusqu'à éclosion, enfin il donne en terminant différentes recettes, pour préserver les collections de l'atteinte des insectes destructeurs.

Vient ensuite le catalogue proprement dit, où, sous ce titre modeste, l'auteur donne de nombreuses preuves de son savoir.

Il ne s'est pas seulement borné à grouper des noms d'insectes, à les placer à la suite les uns des autres ; mais il mentionne avec soin tous les genres et toutes les espèces qui ont été découverts jusqu'ici en Auvergne ; chaque espèce est suivie de l'indication de la localité où elle vit, et de l'époque de son apparition à l'état parfait.

L'indication des localités est générale, lorsque l'insecte est commun, telle que coteaux, haies, bois, vergers, etc. Cette indication est plus spéciale si le papillon auquel elle se rapporte habite une région limitée ou un terrain particulier ; nous trouvons, par exemple, pour le *Lycœna Corydon* : coteaux calcaires de la Limagne, juillet, août. Pour le *Lycœna Arion* : coteaux arides des terrains granitiques, juin, juillet. Tandis qu'il cite l'endroit même où le Lépidoptère a été trouvé, si c'est une espèce peu commune, le

Nymphalis populi qui est une de nos plus rares, est indiquée forêt de Randan près des grands trembles, juin. Beaucoup d'espèces sont suivies de notes très-intéressantes sur leurs mœurs, leurs variations, la manière de vivre ou d'élever leurs chenilles ; notes qui seront d'un très-grand intérêt pour le lépidoptériste, et parmi lesquelles il trouvera beaucoup de renseignements nouveaux. Il est cependant une indication que nous regrettons vivement de ne pas voir figurer après celle de la localité de l'insecte parfait : ce sont les plantes sur lesquelles vivent les chenilles, l'époque de leur développement et les lieux qu'elles habitent. L'auteur donne bien ces renseignements pour les espèces rares ou pour celles dont les mœurs ont été peu étudiées, mais il les a omis à l'égard de celles qu sont communes, par oubli sans doute, ou craignant peut-être de dire des choses connues de tous les naturalistes, et de tomber dans le plagiat ; c'est un tort à nos yeux, en entomologie surtout, où il y a peu d'ouvrages généraux, où chaque fait spécial, chaque observation est égarée dans les journaux scientifiques, et n'est connue de ceux qui s'occupent de cette science que par tradition. Car les chenilles des espèces même les plus répandues peuvent quelquefois différer de manière de vivre d'une localité à l'autre, suivant l'exposition et la température des lieux qu'elles habitent.

Beaucoup de graves erreurs disparaîtraient si chaque auteur enregistrait avec soin les habitudes les plus banales de chaque insecte sous ses différents états ; ainsi un grand nombre de chenilles sont réputées se nourrir d'une plante, tandis que l'observation démontre qu'elles vivent sur un végétal très-différent. Je citerai à cet égard la lichenée bleue, *Catocala fraxini* qui est indiquée dans beaucoup d'ouvrages comme se nourrissant des feuilles de frêne, et en a même reçu son nom ; tout me porte à croire qu'il n'en est pas ainsi. Dans nos environs, où cet insecte est assez répandu, sa chenille se nourrit exclusivement des feuilles des diverses espèces de peupliers et jamais de celles de frêne. Il en est de même de beaucoup d'espèces. Plusieurs observations de ce genre sont mentionnées dans le Catalogue que nous analysons.

Le nombre des Lépidoptères mentionnés dans ce Catalogue est de 500 environ. Il a fallu que notre auteur consacrât beaucoup de temps, et fît d'actives recherches pour arriver à un chiffre aussi élevé, n'ayant parcouru encore qu'une partie du département, et ayant découvert lui seul toutes les espèces indiquées. Ces 500 espèces sont ainsi réparties dans les divisions de la tribu des Lépidoptères : Rhopalocères 116, et Hétérocères 434, qui sont subdivisés en Crépusculaires et Bombyx 128, Noctuelles 236, Phalènes 70. Il n'est pas question dans ce mémoire des autres subdivisions ou microlépidoptères, qui sont aux papillons ce que la cryptogamie est à la botanique.

Si nous comparons ces nombres avec ceux des Lépidoptères des environs de Paris qui est le point qui,
sous ce rapport, a été le mieux exploré de la France,
nous trouvons que les Rhopalocères ont plus de
représentants dans notre département qu'aux environs de Paris, que le nombre des crépusculaires et
Bombyx diminue, et qu'il augmente pour les Noctuelles, tandis qu'il est très-inférieur pour les Phalènes
ou géomètres; quant à ces dernières, cela tient évidemment à ce que l'auteur n'a pas encore assez étu-
dié cette division, car je suis persuadé que les phalènes sont très-nombreuses en Auvergne.

J'ai essayé d'établir des proportions qui ne sont
que très-approximatives, car il me manque des points
exacts de comparaison, et je trouve que les Lépidoptères du département du Puy-de-Dôme sont à ceux
des environs de Paris, pour la totalité :: 1 : 1,10

Pour les rhopalocères   :: 1 : 0,80

Pour les crépusculaires et bombyx :: 1 : 1,08

Pour les noctuelles   :: 1 : 0,90

Pour les phalènes   :: 1 : 2,47

Et ils sont à ceux de la France en-
tière, pour la totalité   :: 1 : 1,25

Pour les rhopalocères   :: 1 : 1,74

Pour les crépusculaires et bombyx :: 1 : 2,19

Pour les noctuelles   :: 1 : 2,10

Pour les phalènes   :: 1 : 5,88

Ces chiffres seront nécessairement modifiés lors-

que les papillons de notre province seront mieux
connus.

La classification que l'auteur a suivie pour son Catalogue, est celle de l'index de M. Boisduval, il en a
également adopté la synonymie.

Avant de terminer, permettez-moi, Messieurs, de
m'arrêter un instant sur le mode de synonymie suivi
par tous les entomologues postérieurs à Linné, mode
que je considère comme très-vicieux : ainsi, un genre
Linnéen est démembré, et les espèces qui le compo-
saient sont placées dans plusieurs genres nouveaux ;
alors, au lieu de faire suivre le nom de l'espèce de
celui de l'auteur qui a créé le genre, comme cela se
fait en botanique et dans les autres sciences naturelles, on conserve toujours à la suite du nom spécifique
le nom de Linné. Une telle manière de faire en-
traîne avec elle de graves inconvénients, embrouille
énormément la synonymie, ne permet pas d'employer
la même épithète pour deux espèces de genres différents, et si dans un écrit quelconque l'on veut citer
un nom de papillon, l'on est obligé d'indiquer le nom
de l'auteur du genre, et ensuite à l'espèce celui de
Linné. Par exemple il faut que j'écrive *Parnassius*,
Lat. *Apollo*, L., car autrement si j'écrivais *Parnassius Apollo*, L., l'on serait nécessairement amené à
penser que c'est Linné qui a établi le genre *Parnassius*, tandis qu'il a été créé par Latreille bien après
lui. L'auteur du Catalogue a reconnu comme nous

l'inconvénient d'une pareille méthode, et à ce sujet il s'exprime ainsi dans son avant-propos :

« . . . . Je ne puis me dispenser de
» faire remarquer, après bien d'autres, combien la
» méthode de synonymie adoptée par les lépidopté-
» rologistes est fautive et irrationnelle ; c'est ce que
» je ferai clairement comprendre par un exemple pris
» au hasard. Ouvrons le premier catalogue de lépidop-
» tères venu ; nous y trouvons, dans le genre *Thais*,
» l'espèce *Rumina,* établie de la manière suivante :

Genre **THAIS** , Fab. , etc.

RUMINA , Lin. , etc.

» D'où on conclurait tout naturellement que Linné
» a nommé cette espèce *Thais rumina* , en la fai-
» sant entrer dans le genre *Thais* établi avant lui par
» Fabricius. Ce serait là une erreur grossière. Linné
» a établi un grand genre *Papilio ;* Fabricius, venu
» plus tard, a démembré ce genre, et nommé *Thais*
» un des démembrements, où il a fait entrer l'espèce
» en question, que Linné avait appelée *Papilio ru-*
» *mina.* Il s'ensuit donc que, pour établir une synony-
» mie régulière, l'espèce devrait être indiquée ainsi :

Genre **THAIS** , Fab. , etc. (G. *Papilio* , L. , etc. ;
G. *Zerynthia* , Ochs.).

T. RUMINA , Fab. , etc. *(Papilio rumina* , L. ; *Zerynthia
rumina ,* Ochs.).

» Les choses ainsi posées, tout serait clair, il n'y
» aurait plus d'équivoque possible ; mais, je le ré-
» pète, ne voulant pas faire de la science, je laisse
» subsister dans ce Catalogue le système universelle-
» ment adopté, tout en le déplorant et en désirant
» qu'une réforme s'accomplisse. »

L'auteur fait ressortir clairement, par ces quelques phrases, l'inconvénient d'une pareille méthode,
et nous regrettons bien vivement qu'il ne l'ait pas
abandonnée dans son Catalogue pour donner le premier l'exemple d'une réforme qui ferait faire un grand
pas à l'histoire des insectes, réforme que désirent,
j'en suis persuadé, tous les naturalistes qui s'occupent *scientifiquement* d'entomologie. J'ai toujours
été surpris que la Société entomologique, qui compte
parmi ses membres tant d'hommes éminents, n'ait
pas pris l'initiative d'une semblable modification.
Aussi, Messieurs, votre commission regarde ce chan-
gement comme si important et si rationnel, que, dans
ses conclusions, elle va vous prier d'engager forte-
ment l'auteur de ce Catalogue à employer la synony
mie qu'il a développée dans son avant-propos.

CONCLUSIONS.

Après avoir examiné avec grand soin le travail q
lui a été soumis, votre commission considère le Cat
logue des Lépidoptères du département du Puy-d
Dôme comme méritant à tous égards votre approba-

tion. Ce Catalogue, quoique n'ayant pas atteint tout le développement qu'il pourrait avoir, est fait avec beaucoup de soin et surtout avec une parfaite connaissance de la matière qu'il traite.

En conséquence, nous vous proposons d'accorder une médaille d'or de 200 fr. à l'auteur ; d'ordonner l'impression de son Catalogue dans vos *Annales ;* de l'engager, pour rendre son travail plus complet et avant son impression, d'indiquer à chaque espèce les plantes sur lesquelles vivent les chenilles, les lieux qu'elles habitent, l'époque de leur apparition, et à adopter la synonymie qu'il a si bien comprise.

Il est bien entendu que nous ne faisons pas à l'auteur une condition de ces modifications, mais nous pensons que son travail y gagnerait en exactitude et présenterait plus d'intérêt.

Ces conclusions sont adoptées.

CATALOGUE

DES LÉPIDOPTÈRES

DU DÉPARTEMENT DU PUY-DE-DOME,

. Par M. GUILLEMOT (Antoine), de Thiers,

Membre de la Société entomologique de France, Membre correspondant de la Société Linnéenne de Lyon.

———

Ouvrage couronné par l'Académie des sciences, belles-lettres et arts
de Clermont-Ferrand.

———

Perfecti sunt cœli et terra, et omnis ornatus
eorum.   (*Gen.*, II, 1.)

2

NOTE DE L'AUTEUR.

Il me serait absolument impossible, pour le moment, de me rendre à l'invitation formulée dans les conclusions du rapport, relativement à la synonymie. Je ne pourrais exécuter ce travail qu'après avoir compulsé une foule d'ouvrages des auteurs français et allemands que je n'ai pas à ma disposition, et qui n'existent dans aucune bibliothèque d'Auvergne. Je reconnais, aussi bien que la commission, toute l'importance de cette réforme, et je compte bien en donner l'exemple, mais un peu plus tard, si elle n'est alors accomplie, dans une réimpression de mon Catalogue, que le résultat de quelques autres années de recherches augmentera certainement de bien des espèces nouvelles.

Quant aux indications des plantes qui servent de nourriture aux chenilles, je les ai ajoutées, suivant le désir de la commission, pour toutes les espèces que j'ai élevées moi-même. Pour les autres, répéter ce que l'on trouve dans les auteurs les plus élémentaires n'offrirait aucun intérêt, aucune certitude même, dès lors que, comme l'auteur du rapport le fait si judicieusement observer, les mœurs des chenilles, leur époque d'apparition, leur nourriture même, doivent nécessairement subir d'importantes modifications, suivant l'exposition et la nature du sol. Je ne fais donc figurer, pour les espèces que je n'ai encore rencontrées qu'à l'état d'insecte parfait, aucun détail concernant leurs premiers états.

AVANT-PROPOS.

Le **Puy-de-Dôme** a été jusqu'à ces derniers temps un des départements de la France les moins explorés sous le rapport de l'histoire naturelle. La géologie, la minéralogie et la botanique ont bien, il est vrai, attiré l'attention de quelques hommes amis de la science ; mais la zoologie est, pour ainsi dire, encore inconnue, et a été à peine effleurée par un petit nombre d'amateurs, étrangers pour la plupart à l'Auvergne, et qui n'ont pu y jeter un coup d'œil qu'en passant. Cependant ce département est sans contredit un des plus riches de France en productions de la nature. La variété des sols qui le composent, l'assemblage de plaines fertiles, d'arides coteaux, de chaudes vallées et de montagnes très-froides, tout concourt à réunir dans cet espace, relativement très-restreint, bien des productions diverses. Les remarquables travaux de plusieurs botanistes, parmi lesquels je dois citer en première ligne le *Catalogue du plateau central de la France*, publié, en 1847, par MM. Lecoq et Lamotte, nous ont révélé une flore nombreuse et variée, indication précieuse d'une faune nombreuse aussi.

M'occupant depuis plusieurs années de l'étude des Lépidoptères, j'ai pu m'assurer que, pour cette branche intéressante de l'entomologie, l'indication n'était pas trompeuse. Ce Catalogue est le résultat de mes recherches jusqu'à ce jour : heureux si mon travail peut ajouter quelques matériaux à l'histoire de la nature dans notre département !

Les localités que j'ai pu explorer à peu près comme elles doivent l'être, et qui figurent presque exclusivement dans ce Catalogue, sont les suivantes : Thiers et ses environs, ainsi que les cantons de Saint-Rémy et Châteldon ; Clermont et ses environs, y compris une partie de la chaîne du Puy-de-Dôme ; la forêt de Randan, et le Mont-Dore. Ces diverses portions réunies ne forment qu'une fraction assez minime du département, cependant elles me paraissent suffire pour donner une idée de notre faune. D'ailleurs, le temps m'a manqué pour en étudier d'autres d'une manière convenable. Il n'en est pas de l'entomologie comme d'autres sciences naturelles, de la botanique par exemple. Les insectes ne viennent pas, comme les plantes, s'offrir aux yeux de l'observateur. Il faudrait des années pour faire l'inventaire d'une lieue carrée, la plupart des espèces habitant des localités tout à fait spéciales et restreintes, et ne paraissant que pendant une période très-courte, souvent de quelques jours à peine. D'autres, par un jeu, ou plutôt une sage précaution de la nature, semblent disparaître pendant plusieurs années, pour se remontrer ensuite, et étonner par leur présence l'observateur qui a battu pendant bien des saisons la localité sans les découvrir.

Ce Catalogue n'est donc pas complet. Un catalogue d'histoire naturelle ne le sera jamais, ne peut pas l'être ; car, quel que soit le nombre des amateurs, quelque assiduité qu'ils apportent dans leurs explorations, ils ne peuvent être partout en même temps, et forcément quelque espèce leur échappe. Cela est si vrai qu'il ne se passe pas d'année que les entomologistes ne découvrent dans les environs de Paris, arène depuis si longtemps ouverte à tant de recherches, plusieurs insectes non encore signalés dans la localité. Comment donc oserais-je me flatter de n'être pas très-incomplet en parlant d'une terre, vierge encore, il y a peu d'années, de toutes investigations ? Seulement j'ai la conviction d'être exact, ne produisant aucun fait dont je ne sois sûr, soit par moi-même, soit par les renseignements d'observateurs méritant toute confiance, renseignements que j'ai personnellement contrôlés, autant que possible.

D'après ceci il est incontestable qu'il existe dans le Puy-de-Dôme un certain nombre de Lépidoptères non indiqués dans ce travail ; mais ces espèces, par la nature même des choses, ne sont certainement pas réparties dans les diverses familles d'une manière proportionnelle. Les *Diurnes*, *Zygénides*, *Sphingides* et *Bombycites* doivent être à peu près complets, à l'exception des genres *Syricthus* et *Psyche* où il y a toujours à découvrir ; d'autre part les *Sésiéides*, *Lithosides*, *Noctuelles* et *Géomètres* sont certainement bien incomplètes, excepté peut-être quelques genres, comme les *Catocala*, *Plusia*, etc., où la comparaison avec les catalogues partiels des autres départements du centre semble indiquer que nous ne devons pas avoir grand'chose de plus qu'eux. Je signalerai, comme ce qu'il y a nécessairement de moins complet, les *Sésiéides*, les *Psychides*; dans les *Noctuelles*, les genres *Bryophila*, *Hadena*, *Nonagria*, *Leucania*, *Caradrina*, etc., et dans les *Géomètres*, les *Acidalia* et *Eupithecia*.

Je n'ai pas la prétention de faire une œuvre scientifique. Je veux seulement constater l'état actuel des découvertes dans notre département, en profitant de la circonstance pour consigner quelques observations, dont certainement la plupart ne sont pas nouvelles pour les entomophiles, mais qui, j'ose du moins l'espérer, ne seront pas complétement inutiles aux jeunes amateurs que pourrait séduire l'étude de ces intéressants petits animaux.

Cependant, quoique ne voulant pas dans ce mémoire toucher aux questions générales de science, je ne puis me dispenser de faire remarquer, après bien d'autres, combien la méthode de synonymie adoptée par les lépidoptérologistes est fautive et irrationnelle.

C'est ce que je ferai clairement comprendre par un exemple pris au hasard. Ouvrons le premier catalogue de Lépidoptères venu, nous y trouverons dans le genre *Thais* l'espèce *Rumina* établie de la manière suivante :

Genre **THAIS**, Fab., etc.

RUMINA, Lin., etc.

D'où on conclurait tout naturellement que Linné a nommé cette espèce *Thais rumina*, en la faisant entrer dans le genre *Thais*, établi avant lui par Fabricius ; ce serait là une erreur grossière. Linné a établi un grand genre *Papilio* : Fabricius, venu plus tard, a démembré ce genre, et nommé *Thais* un des démembrements où il a fait entrer l'espèce en question que Linné avait appelée *Papilio rumina*. Il s'ensuit donc que, pour établir une synonymie régulière, l'espèce devrait être indiquée ainsi :

Genre **THAIS**, Fab., etc. (G. *Papilio*, Lin., etc. ; G. *Zerynthia*, Ochs.).

T. RUMINA, Fab., etc. *(Papilio rumina*, L. ; *Zerynthia rumina*, Ochs.).

Les choses ainsi posées, tout serait clair ; il n'y aurait plus d'équivoque possible ; mais, je le répète, ne voulant pas faire de la science, je laisse subsister dans ce Catalogue le système universellement adopté, tout en le déplorant et en désirant qu'une réforme s'accomplisse. Je suis exactement la nomenclature et la classification du *Genera* et *Index methodicus* publié par le docteur Boisduval en 1840, et supprime seulement les détails de synonymie, pour éviter des longueurs inutiles.

Je n'ai pas indiqué, pour les espèces communes et qui se trouvent à peu près partout, de localités particulières, renseignements qui eussent induit en erreur par une sorte d'exclusion de celles non-indiquées. J'ai suivi la même méthode pour les espèces spéciales à telle ou telle nature de sol, et qui existent partout où ce sol se rencontre : pour celles-ci, j'ai indiqué d'une manière précise ces natures de terrain ou d'exposition, de manière à ne pas laisser d'incertitude sur l'habitat.

Si je veux laisser de côté les questions de théorie, il n'en est pas tout à fait de même de la pratique, et, sans entreprendre de développer un traité complet de la chasse aux Lépidoptères, il n'est peut-être pas hors de propos de dire ici quelques mots de plusieurs procédés de chasse ou d'éducation que j'ai ou employés le premier, ou du moins perfectionnés ; et d'ailleurs, si je ne fais que répéter à peu près ce que l'on peut trouver ailleurs, il me suffit, pour ne pas le regretter, que ces notions puissent tomber sous les yeux des amateurs débutants qui n'auront pas eu l'occasion de les acquérir, et peut-être me sauront quelque gré de les leur faire connaître.

Une chasse que j'ai toujours trouvée très-fructueuse est celle au parapluie à manche brisé, et entièrement doublé de blanc à l'intérieur, sur lequel je bats les plantes hautes, les buissons, et les branches basses des arbres. Pour ces derniers, on peut battre jusqu'à

une hauteur de 3 à 4 mètres, au moyen d'une latte
légère que l'on puisse manœuvrer d'une seule main ;
car il est essentiel, surtout par les temps de vent, de
pouvoir tenir ferme le parapluie de la main gauche.
Par ce moyen, avec un peu d'habitude, on se procure
une foule de chenilles dont la recherche serait infiniment laborieuse, en les chassant à la vue.

J'ai aussi modifié le procédé de la chasse à la miellée pour les Noctuelles, indiqué dans les Annales de
la Société entomologique de France, et consistant en
une corde enduite de miel tendue sur la lisière des bois
ou en rase campagne. Ce procédé a un inconvénient,
souvent très-grave, celui d'exiger deux chasseurs, le
même ne pouvant porter une lanterne, et en même
temps se servir du filet où il faut faire tomber les
Noctuelles posées sur la corde, les y piquer, et finale-
ment les retirer. Voici comment j'opère, et je puis
parfaitement agir seul : je choisis une rangée d'arbres dans une localité convenable, et j'enduis le tronc
de chacun, à une hauteur uniforme d'environ un
mètre, d'une plaque de miel commun ou de mélasse
de 8 à 10 centimètres carrés. Cette opération se fait
très-promptement au moyen d'un pinceau, et doit
être achevée un quart d'heure au plus après le coucher du soleil. Faite trop tôt, on s'expose à voir tout
le miel dévoré par les grands Hyménoptères avant
l'heure de la chasse. Celle-ci doit commencer aussitôt
que le jour baisse, et peut durer une couple d'heures ;

les Noctuelles, lorsqu'elles sont posées sur le miel depuis quelques instants, se laissent piquer sans chercher à fuir, ou tombent sans s'envoler lorsqu'on les manque, et on peut alors les piquer à terre ; mais, avec un peu d'exercice, et en employant pour piquer un faisceau de trois fines aiguilles dont les pointes forment un très-petit triangle, on arrive à en manquer fort peu. J'ai pris de cette manière des espèces très-rares et très-méritantes, que je n'ai jamais trouvées autrement.

Quant aux éducations de chenilles arboricoles, je me trouve très-bien d'une méthode connue, mais, je crois, très-peu pratiquée : elle consiste à élever les chenilles sur des arbres sur pied, en enveloppant la branche où elles se trouvent d'un sac de mousseline claire qui, laissant librement circuler l'air, empêche les chenilles de fuir et d'être piquées par les Ichneumons ou Muscides, ou dévorées par les oiseaux. Cette méthode est surtout précieuse pour les chenilles qui hivernent sans se cacher, et que l'on ne peut presque jamais conserver vivantes dans un appartement. J'élève ainsi des *Lasiocampa*, et n'en perds pas une seule en hiver. Le moyen est aussi très-bon pour le jeune âge des pontes *ab ovo*, qui exigent en captivité tant de soins et périssent si souvent.

Une recommandation, banale sans doute, mais que l'on ne saurait trop répéter, c'est d'avoir soin que les chrysalides conservées dans un appartement ne

restent pas trop longtemps dans un excès de sécheresse ou d'humidité. Trop négligées, elles courent
le premier danger, et souvent pour l'éviter on tombe
dans le second. Ce n'est que par une longue habitude qu'on arrive à les traiter convenablement. J'ai
perdu par la sécheresse une magnifique éducation
de 50 *Harpyia fagi*, et d'autres par l'humidité. Un
moyen assez bon pour les caisses garnies de mousse
est de les asperger tous les trois ou quatre jours avec
le bout des doigts, préalablement trempés dans de
l'eau à la température de l'air ambiant. Quant aux
chrysalides nues, et aux coques non enterrées, des
éponges imbibées placées dans les angles de la boîte
à éclosions font très-bien. Je ne conseillerais que
dans des cas très-rares, et pour des espèces d'une
difficulté d'éclosion tout à fait exceptionnelle, le procédé que j'appellerai de luxe, des boîtes à éclosions
garnies dans le fond d'un réservoir de terre ou de sable
humide, et où les chrysalides reposent sur une claie
que l'on rapproche ou éloigne plus ou moins du fond,
suivant les circonstances. Cette méthode est longue
et minutieuse, et ne peut être appliquée en grand.

En dernier lieu, je ne veux pas passer complétement
sous silence les moyens de conservation des collections de Lépidoptères. Tous les amateurs savent que
la première et indispensable condition est d'avoir des
boîtes, tiroirs ou cartons hermétiquement fermés, et
garantis exactement de l'air et de la lumière. Mal-

gré toutes les précautions, il arrive quelquefois que, sans qu'on puisse se rendre compte des causes, des Lépidoptères sont attaqués, soit par des larves d'insectes d'autres ordres, soit par des *Acarus*. Les odeurs fortes, dont on garnit les boîtes, préservent quelquefois, mais ne suffisent pas toujours. Je me trouve bien de l'éther arseniqué, dont je couvre avec un pinceau tout le corps des sujets atteints : cette substance ne tache pas les ailes, comme les diverses essences, et les savons arsenicaux. Un fil, trempé de la *Nicotine*, ou même de la teinture de tabac macéré dans l'alcool, que l'on introduit longitudinalement dans le corps des grosses espèces, a le double avantage de les préserver pour toujours des parasites par son odeur, et de maintenir les abdomens volumineux qui sont très-sujets à se détacher.

Quant au dégraissage des sujets tachés, j'ai reconnu que l'éther est bien préférable à l'essence de térébenthine, en ce que l'opération est beaucoup moins longue, et réussit généralement mieux.

Il faut cependant que je m'arrête ici, sous peine de donner une étendue ridicule à cet avant-propos, déjà peut-être trop développé. Je passe donc à l'énumération des espèces, au *Catalogue* proprement dit.

CATALOGUE

DES

LÉPIDOPTÈRES DU PUY-DE-DOME.

RHOPALOCERA.

I. Tribus PAPILIONIDES.

Genus **PAPILIO**, Lat.

PODALIRIUS, L. Plaines et coteaux. Mai, juillet. La chenille en juin, août et septembre sur les pruniers, amandiers et pêchers.

MACHAON, L. Partout. Mai, juillet. La chenille en juin, août et septembre sur les fenouils et les carottes.

Podalirius paraît affecter une zone de peu d'étendue, et ne pas s'élever au-dessus de 400 à 450 mètres. Plus haut il disparaît, tandis que *Machaon* se retrouve dans toute notre échelle, depuis les bas-fonds de la Limagne jusque sur les pics les plus élevés du Mont-Dore.

G. **PARNASSIUS**, Lat.

APOLLO, L. Mont-Dore, Puy-de-Dôme, Gravenoire. Juin, juillet. La chenille en mai et juin sur les *Sedum*.

Apollo a. suivant les localités, des allures très-différentes : à Gravenoire, son vol est assez rapide au commencement de la journée ; plus tard il ne vole plus, et se tient caché dans les fougères. Dans les hautes prairies du Mont-Dore au contraire, il a toujours le vol lourd, et est très-facile à prendre, surtout la ♀.

MNEMOSYNE, L. Mont-Dore. Juin, juillet.

Cette espèce, ordinairement très-abondante dans les localités des Alpes et des Pyrénées qu'elle affectionne, est rare au Mont-Dore. Je ne l'ai prise que deux fois, l'une sur les pentes rocailleuses du Capucin, l'autre dans les ravins de Chaudefour.

II. TRIBUS PIERIDES.

G. PIERIS, Bdv.

CRATÆGI, L. Champs, prairies, jardins. Juin. La chenille en avril et mai sur tous les arbres fruitiers, les *Cratægus* et les *Prunus*.

BRASSICÆ, L. Partout. Tout l'été. La chenille surtout en automne, sur les *Brassica oleracea* et *Botrytis*.

RAPÆ, L. Partout. Toute l'année. La chenille sur le *Brassica Napus*, et en général sur presque toutes les crucifères.

NAPI, L. Partout, toute l'année. La chenille sur les mêmes plantes que celle de *Rapæ*, mais plutôt dans les bois et les prés naturels que dans les lieux cultivés.

Var. *Napeæ*, Esp. Bois, prairies. Septembre.

Cette variété, qui pourrait bien être une espèce, est

beaucoup moins répandue que *Napi*, et ne se montre qu'à l'arrière-saison.

DAPLIDICE, L. Lieux arides, grèves de l'Allier. Avril mai, juillet.

Var. *Bellidice*, Brahm. Champs de seigle. Avril, mai.

Cette espèce et sa variété sont quelquefois très-communes, et passent ensuite plusieurs années, pour ainsi dire, sans se montrer. Leur vol est rapide et se rapproche plus de celui des *Anthocharis* que de celui des autres *Pieris*.

G. **ANTHOCHARIS**, Bdv.

BELIA, F. Coteaux arides, les Horts, près Thiers. Avril, mai.

Belia est rare et difficile à prendre, à cause de la rapidité de son vol. Le type d'Auvergne est petit, et les taches du dessous des ailes sont peu nacrées.

AUSONIA, Esp. Plaines hautes, Lachaux, Saint-Victor, etc., dans les seigles. Juin.

CARDAMINES, L. Partout. Avril, mai. La chenille en juillet et août sur les *Cardamines*, les *Turritis*, *Barbarea*, etc.

Il y a, dans l'apparition des deux sexes de *Cardamines*, une différence d'époque très-remarquable, qui va souvent à 15 et même 20 jours. La ♀ est bien plus sédentaire que le ♂; on ne la rencontre que le long des fossés, sous les haies, et généralement dans les endroits frais, où vivent les crucifères, qui servent de nourriture à la chenille, tandis que le ♂ fait de longs vols, et s'écarte beaucoup du berceau de son enfance.

G. **LEUCOPHASIA**, Steph.

SINAPIS, L. Bois, prairies. Tout l'été.
Var. *Erysimi*, Bork. Mêmes localités que le type; aussi commune.

G. **RHODOCERA**, Bdv.

RHAMNI, L. Partout, toute l'année. La chenille toute l'année sur les *Rhamnus*.

G. **COLIAS**, Bdv.

EDUSA, L. Champs, prairies. Mai, août. La chenille en juin et septembre sur les *Trifolium, Medicago*, etc. Elle est très-difficile à rencontrer.
Var. *Helice*, H. Coteaux montagneux ; beaucoup plus rare que le type.
HYALE, L. Prairies, trèfles, luzernes. Mai, août, septembre.

III. TRIBUS LYCÆNIDES.

G. **THECLA**, F.

BETULÆ, L. Haies, jardins. Août, septembre.
Il est extrêmement rare de prendre ce *Thecla* dans sa fraîcheur. La chenille est commune aux environs de Thiers, sur les buissons de prunelier ; quoique sa croissance soit lente, elle s'élève facilement. Elle est très-

sujette à être ichneumonée, et la chrysalide se dessèche souvent sans pouvoir éclore quand la température est trop chaude.

PRUNI, L. Forêt de Randan, rare. Juin, juillet.

W. ALBUM, Illig. Bord des routes, promenades plantées d'ormes. Juin.

ACACIÆ, F. Thiers, Murols, le Chambon, etc. Juillet.

J'ai pris plusieurs fois, en mai et en juin, la chenille de ce *Thecla* sur les pruneliers des haies qui bordent la route de Thiers à Puy-Guillaume.

LYNCEUS, F. Bois de chênes. Juin, juillet.

Var. *Cerri*, H. Mêmes localités.

La variété *Cerri* est rare dans le Puy-de-Dôme; dans la Lozère, au contraire, elle est très-abondante; elle pourrait y passer pour type et *Lynceus* pour variété. Je n'ai jamais rencontré la chenille.

QUERCUS, L. Bois de chênes; Bussières, taillis de Margeride, près Thiers, etc. Juillet. La chenille en mai et juin sur les chênes.

RUBI, L. Haies, champs de genêts. Avril, mai.

G. **POLYOMMATUS**, Bdv.

PHLÆAS, L. Partout, toute l'année.

VIRGAUREÆ, L. Mont-Dore, dans les clairières des bois. Juillet.

CHRYSEIS, F. Mont-Dore, Chaudefour. Juin, juill.

Ce *Polyommatus* est extrêmement abondant dans toute

3

la vallée de Chaudefour ; on rencontre fréquemment, surtout dans le haut des pentes exposées au midi, des individus ♂ très-glacés de violet et des ♀ presque noires ; ces dernières se rapprochent beaucoup d'*Eurydice*. J'ai pris deux fois une variété où les points du dessous des ailes sont remplacés par des traits longitudinaux.

GORDIUS, Esp. Mont-Dore, Gravenoire. Juillet.

Le type de *Gordius* est beaucoup plus beau à Gravenoire qu'au Mont-Dore ; il a un reflet violacé très-vif, qui le rapproche de celui de la Gironde.

XANTHE, F. Bois, prairies sèches. Mai, août.

G. LYCÆNA, Bdv.

BOETICA, L. Parcs, jardins. Août, septembre.

La chenille de *Bœtica* est commune dans les jardins, dans les gousses du baguenaudier (*Colutea arborescens*). On voit assez fréquemment voler le papillon sur quelques-uns des coteaux des environs de Clermont, particulièrement à Montaudoux, assez loin de tout pied de cet arbuste ; peut-être la chenille y vit-elle sur le genêt ?

AMYNTAS, F. Mont-Dore, Thiers, sur les pentes gazonnées de la Durole. Juillet.

Var. *Coretas*, Ochs. Mont-Dore, au Capucin.

HYLAS, F. Coteaux arides, sur le *Thymus Serpyllum*. Mai, août.

BATTUS, F. Environs de Thiers. Avril, mai.

J'ai pris, en avril et mai 1852, dans plusieurs localités différentes des bords de la Durole, sur des pentes garnies de *Sedum*, ce *Lycœna*, indiqué comme de la France méridionale par les auteurs, qui fixent son apparition en juillet.

Ægon, Bork. Partout. Mai, août.

Argus, L. Bois, prés secs. Juin, août.

Eumedon, Esp. Mont-Dore, pentes de Chaudefour. Juin, juillet.

Ce *Lycæna*, qui n'avait pas été signalé en France, est très-abondant dans les pentes de la vallée de Chaudefour, à l'exposition du midi, sur les fleurs de différents *Geranium*.

Agestis, Esp. Coteaux, prés secs. Juin, août.

Alexis, F. Partout, tout l'été.

Alexis varie singulièrement pour la taille ; j'ai pris plusieurs fois des individus aussi petits que *Ægon*, et d'autres qui atteignaient la dimension d'*Escheri*. La ♀ offre toutes les gradations de teintes, depuis le brun noir jusqu'au bleu violacé.

Adonis, F. Bois, prairies, sur les calcaires. Mai, juin, août.

Je n'ai jamais pris, dans le Puy-de-Dôme, la variété *Ceronus* bien tranchée ; on rencontre quelques individus ♀ un peu teintés de bleu, mais toujours très-légèrement.

Dorylas, H. Bois de Randanne. Juillet.

Corydon, F. Coteaux calcaires de la Limagne. Juillet, août.

Var. ♀ de la couleur du ♂. Mêmes localités.

Cette espèce est exclusivement propre aux calcaires ;

elle est très-commune aux environs de Clermont. La variété ♀ bleue n'est pas rare.

Acis, V. Bois, prairies ; très-abondant dans les pâturages du Mont-Dore, rare ailleurs. Juin, juillet.

Alsus, F. Plaines hautes, Randanne, etc., sur la bruyère. Juillet.

Argiolus, L. Haies près des habitations. Mai, août.

Cyllarus, F. Bois frais, prairies. Avril, mai.

Arion, L. Coteaux arides des terrains granitiques. Juin, juillet.

IV. Tribus ÉRYCINIDES.

G. **NEMEOBIUS**, Steph.

Lucina, L. Forêt de Randan. Mai, juin.

VI. Tribus NYMPHALIDES.

G. **LIMENITIS**, Bdv.

Sibylla, F. Royat, forêt de Randan, Châteldon. Juin, juillet.

Camilla, F. Haies, bord des ruisseaux. Juin, août. La chenille en mai et juillet sur les chèvrefeuilles.

Contrairement à ce qui a été observé généralement dans la France centrale ; *Sibylla* est bien plus rare que *Camilla* dans le Puy-de-Dôme. Ces deux espèces, assurément très-voisines par les caractères de la chenille, de la chrysalide et de l'insecte parfait, ont des mœurs très-différentes. *Camilla* se rencontre à peu près partout où on voit des chèvrefeuilles, est facile à prendre et ne craint pas le voisinage de l'homme ; tandis que *Sibylla* ne se trouve que dans l'intérieur des bois, et a tout à fait les habitudes de l'espèce suivante, *Nymphalis populi*.

G. **NYMPHALIS**, Bdv.

POPULI, L. Forêt de Randan, près des grands trembles. Juin.

L'époque d'apparition de *Populi* est très-courte, de 8 jours à peine. Le ♂ est facile à prendre ; il descend sur les routes, et vient se poser sur la terre humide ou les excréments des animaux. La ♀ reste presque constamment au sommet des arbres, et ne descend qu'exceptionnellement.

G. **ARGYNNIS**, Ochs.

PAPHIA, L. Bois humides. Juillet.

AGLAJA, L. Bois, prairies élevées. Juillet.

Var. *Arvernensis*, mihi. Mont-Dore.

Cette variété ♀ diffère du type par la teinte noirâtre qui envahit, comme une sorte de réseau, toute la face supérieure des ailes. Elle est rare ; je ne l'ai prise que deux fois dans une prairie près du village de Moneau. Des variétés analogues se retrouvent au Mont-Dore dans *Niobe* et *Ino*.

Aberr. *Charlotta*, Sowerby. Bois Chevet, près Saint-Victor.

J'ai pris une seule fois dans la localité indiquée cette remarquable aberration, qui est très-rare partout.

ADIPPE, F. Bois, prairies. Juillet.

Var. *Cleodoxa*, Esp. Mêmes localités.

Cette variété est beaucoup plus rare que le type. Celui-ci offre une foule de variations, soit pour la taille, soit pour la disposition et l'étendue des taches noires; mais ces variations non constantes ne peuvent être appelées variétés.

NIOBE, L. Prairies élevées, Mont-Dore, etc. Juillet.

Var. *Arvernensis*, mihi. Mêmes localités.

En opposition avec ce que j'ai remarqué pour *Aglaja*, cette variété rembrunie est plus abondante que le type dans les prairies de Chaudefour. Généralement le type de *Niobe* est très-grand en Auvergne, et les individus à taches nacrées y sont rares. Le vol de cette espèce est extrêmement rapide; elle se repose rarement et est difficile à prendre.

LATHONIA, L. Partout. Mai, août, septembre.

J'ai pris, au Mont-Dore, des individus ♀ d'une taille remarquable, atteignant presque celle de *Niobe*.

DAPHNE, F. Mont-Dore, Murols, Saint-Nectaire. Juillet.

Cette espèce, assez commune dans les bois de Murols et de la Chanaux, y est d'une dimension beaucoup plus petite que le type des Basses-Alpes ou de la Lozère; elle dépasse à peine celle de *Lathonia*.

INO, Esp. Mont-Dore, bois de la Chanaux, Chaudefour. Juillet.

Var. *Arvernensis*, mihi. Chaudefour.

J'ai pris un seul exemplaire de cette variété, mais

tellement surchargé de noir violâtre, qu'il semble, au premier abord, une espèce différente. *Ino* est grande à Chaudefour, et diffère peu de la taille de *Daphne*.

DIA, L. Partout, toute l'année.

EUPHROSINE, L. Bois, prairies. Mai, juillet.

SELENE, F. Bois secs. Juin, août.

Selene offre des variations de taille très-remarquables, depuis celle de *Dia* jusqu'aux plus grandes *Euphrosine*.

Il est assez bizarre que les chenilles du genre *Argynnis* soient si peu connues et si difficiles à rencontrer. Les auteurs indiquent les *Viola* comme nourriture de la plupart des espèces. Je serais porté à supposer qu'il y a là une erreur ; que ces chenilles ne se sont trouvées qu'accidentellement sur ces plantes, et que leur nourriture ordinaire et préférée est encore inconnue. Pour mon compte, je n'ai trouvé qu'une seule fois une chenille d'*Argynnis*, celle de *Paphia*, et je l'ai prise sur le *Ranunculus acris*, dans une prairie des environs de Thiers, où il n'existait point de *Viola*. Je dois cependant ajouter que, lui ayant présenté des feuilles de *Viola canina*, elle les a rongées, concurremment avec celles du *Ranunculus*.

G. MELITÆA, F.

ARTEMIS, F. Bois, prairies. Mai, juin, août.

La chenille de cette espèce est très-abondante en septembre et octobre, et même quelquefois en mars, sur les scabieuses, dans les prairies fraîches; mais elle est très-difficile à élever en captivité. La seconde apparition d'août est peu nombreuse et manque souvent tout à fait. J'ai pris plusieurs fois, dans les prairies de Puy-

Guillaume, des exemplaires très-grands et presque identiques avec la variété *Provincialis*.

CINXIA , F. Champs , prés secs. Mai , juin , août. La chenille en avril et juillet sur les plantains.

PHOEBE, F. Champs arides, blés, prés secs. Juin, août.

Tous les auteurs donnent pour nourriture à la chenille de *Phœbe* la *Centaurea jacea*. J'ai trouvé plusieurs fois cette chenille sur les berges de la route de Thiers à Puy-Guillaume, vivant par petits groupes , en mars et avril , sur le *Cirsium acaule*, et elle a constamment refusé les diverses *Centaurea* que je lui ai offertes. Cette *Melitæa* offre des variations de type très-remarquables, tant pour la dimension que pour la proportion entre les deux couleurs fauve et noire.

DIDYMA , F. Coteaux arides et chauds, Paslières, etc. Juin, août.

Didyma varie encore plus que *Phœbe*. La variété ♀ rembrunie, qui se prend dans les Pyrénées, se trouve en Auvergne , mais rarement mêlée avec le type. J'ai pris la chenille vivant isolément sur le *Verbascum nigrum*.

DICTYNNA , Esp. Bois , prairies élevées , Royat , Châteldon, Saint-Victor, etc. Juin, juillet.

J'ai rencontré parfois des exemplaires ♂ très-obscurs, où les taches fauves étaient réduites à de très-petits points. La ♀ varie à peine.

PARTHENIE, Bork. Mont-Dore, Chaudefour. Juillet.

J'ai pris, dans les prairies du fond de la vallée de

Chaudefour, la variété obscure, analogue à l'aberration *Charlotta* de l'*Argynnis aglaja*.

ATHALIA, Bork. Bois, prairies. Juin, juillet. La chenille en mai sur les valérianes.

Cette *Melitæa* est, en Auvergne, la plus commune du genre; le type est assez constant et n'offre que des variations insignifiantes.

G. **VANESSA**, Ochs.

CARDUI, L. Prairies, bois, chemins. Mai, août. La chenille en avril, juillet et septembre sur les diverses espèces de chardons.

ATALANTA, L. Partout, toute l'année. La chenille vit sur les orties et les pariétaires.

Io, L. Partout. Avril, juillet, août. La chenille en mai, juin et septembre sur les orties et les houblons.

ANTIOPA, L. Lieux boisés, saussaies, oseraies. Avril, juillet, août.

J'ai pris une seule fois une famille de chenilles de ce *Vanessa* sur le bouleau (*Betula alba*), dans les bois de Margeride, près Thiers. Elle est, du reste, très-commune sur les peupliers et les saules aux environs de Clermont.

URTICÆ, L. Partout, toute l'année. La chenille sur les orties.

POLYCHLOROS, L. Partout. Avril, juillet. La chenille en juin, par familles nombreuses, sur les ormes, poiriers, peupliers, etc.

C. Album, L. Bois, haies, jardins. Juin, septembre. La chenille en mai et août sur les groseilliers et les ormes.

Ce *Vanessa* présente deux types bien distincts en dessous. L'un, celui d'été, est très-clair, et l'autre, d'automne, très-rembruni. Cette règle n'est cependant pas absolue; j'ai vu des sujets d'été obscurs et des sujets d'automne clairs. J'ai pris, mais une seule fois, un exemplaire ♀ de fort grande taille, d'une teinte pâle, à taches noires très-petites, et rappelant singulièrement le facies de l'espèce méridionale *L. album*.

VIII. Tribus APATURIDES.

G. **APATURA**, Ochs.

Iris, L. Royat, rare. Juillet.

Ilia, F. Environs de Clermont, base du puy de Crouël. Juin, juillet. La chenille en mai sur les peupliers et les saules.

Var. *Clytie*, H. Saussaies, oseraies, bord des chemins, des rivières.

Dans notre département, le type *Ilia* est très-rare, tandis que la variété *Clytie* se trouve à peu près partout où il y a des saules ou peupliers. Le ♂ se pose volontiers à terre, sur le sable ou sur les pierres humides; la ♀ est beaucoup plus difficile à rencontrer; elle ne descend du sommet des arbres que rarement, sur le soir, pour se poser sur le tronc. J'ai pris un exemplaire ♀ très-pâle, ayant, à première vue, un facies tout différent du type ordinaire.

IX. Tribus SATYRIDES.

G. **ARGE**, Esp.

Galathea, L. Champs, prairies. Juin, juillet.

On rencontre quelquefois, surtout dans les montagnes, des exemplaires très-voisins de la variété *Galene*, Ochs., où le dessin du dessous des ailes a disparu en partie. J'ai pris, sur le mamelon de Bitor, près Thiers, un type dont le fond est d'un blanc au moins aussi pur que dans *Psyche*.

G. **EREBIA**, Bdv.

Cassiope, F. Plateaux élevés du Mont-Dore. Juillet.

Var. *Nelamus*, Bdv. Mêmes localités.

Var. *Epiphron*, Knoch. *Idem.*

Cassiope est le plus abondant de tous les *Erebia* sur les pelouses et les bruyères du Mont-Dore. Le type varie beaucoup ; il offre assez fréquemment les deux variétés indiquées, et des individus formant insensiblement les passages.

Pyrrha, H. Mont-Dore, prairies hautes. Juillet.

Var. *Cæcilia*, H. Mêmes localités.

Cette variété est bien plus abondante que le type, qui lui-même n'est jamais aussi tranché que celui de Suisse.

Stygne, Ochs. Bois élevés, pelouses des montagnes, Mont-Dore, Royat, Thiers, etc. Juin, juillet.

Cet *Erebia* est très-abondant dans les localités qu'il affectionne ; on rencontre quelquefois des exemplaires où la bande rougeâtre a presque entièrement disparu et se réduit à de petites taches.

BLANDINA, F. Forêts élevées, Randan, Randanne, Mont-Dore. Juillet, Août.

NEORIDAS, Bdv. Coteaux élevés des environs de Clermont, Royat, Gravenoire. Août.

Le type de *Neoridas* est petit en Auvergne; il varie un peu, mais beaucoup moins cependant que dans les Basses-Alpes ou la Lozère.

LIGEA, L. Bois d'Allagnat, Mont-Dore. Août.

EURYALE, Esp. Mont-Dore, prairies élevées. Juillet, août.

Var. *Philomela*, H. Mêmes localités.

Euryale est le moins abondant de nos *Erebia*; il ne se rencontre que dans les hautes prairies, au-dessus de la région des forêts. Il vole avec *Cœcilia*, mais est bien plus rare.

DROMUS, F. Mont-Dore, lieux pierreux. Juillet.

Cette espèce est très-abondante dans le fond de la vallée des Bains et sur toutes les pentes pierreuses qui y aboutissent. Elle varie beaucoup pour le nombre et la grandeur des taches oculées, qui n'atteignent cependant jamais la dimension de celles du type des Pyrénées. Le nôtre se rapproche assez de celui des Alpes.

G. **SATYRUS**, Bdv.

ACTÆA, Esp. Issoire, Saint-Nectaire. Juin, juillet.

Actœa paraît être assez commun dans les rochers qui dominent le village de Saint-Nectaire; mais il est difficile à prendre dans cette localité, où les pentes sont abruptes et peu praticables. Il vole avec rapidité et ne se pose que rarement.

Phædra, L. Forêt de Randan. Juillet, août.

Fauna, F. Coteaux pierreux, grèves des rivières. Août.

Le ♂ de *Fauna* ne varie pas d'une manière sensible ; il n'en est pas de même de la ♀ , qui offre des modifications très-remarquables dans les teintes : la bande antémarginale du dessus des ailes, souvent à peine sensible, tranche quelquefois en blanc sur le fond d'une manière marquée.

Hermione, L. Châtaigneraies, bois de chênes. Juillet.

Var. *Alcyone*, H. Saint-Nectaire.

La présence de cette variété et d'*Actæa* à Saint-Nectaire est un fait de géographie entomologique qui mérite d'être signalé : il démontre évidemment que la température de cette vallée est beaucoup plus élevée que ne semblerait le comporter sa latitude.

Briseis, L. Coteaux arides. Juillet, août.

Semele, L. Lieux arides, bois secs. Juillet.

On rencontre fréquemment au Mont-Dore, sur les hauteurs de Chaudefour, des sujets ♂ d'une teinte cendrée, beaucoup plus pâles que les individus ordinaires.

Eudora, F. Bois de Royat, Gravenoire. Juillet, août.

J'ai fait sur *Eudora* la même remarque que sur *Neoridas ;* le type du Puy-de-Dôme est petit et bien moins caractérisé que celui de la Lozère. On trouve parfois la variété ♀ où le deuxième œil des ailes supérieures a disparu.

Janira, Ochs. Prairies. Juin.

C'est le plus commun des *Satyres ;* il varie peu. J'ai

pris des individus plus grands qu'à l'ordinaire, mais n'atteignant cependant jamais la taille de la variété méridionale *Hispulla*.

TITHONUS, L. Haies, bruyères. Juillet.

MÆRA, L. Partout. Mai, juillet. La chenille en avril et juin sur les graminées.

Var. *Adrasta*, Ochs. Mont-Dore, sur les montagnes. Juillet.

Cette variété est d'autant plus caractérisée qu'elle habite plus haut et à une température plus froide.

MEGÆRA, L. Partout. Juin, août. La chenille en mai et juillet sur les graminées.

ÆGERIA, L. Lieux ombragés, chemins creux, fourrés du bord des rivières. Avril, juillet, septembre.

Var. *Meone*, H. Mêmes localités.

Cette variété est, en Auvergne, beaucoup plus rare que le type; notre département est sa limite supérieure; elle devient plus commune à mesure que l'on avance au midi, et dans la Lozère elle existe seule.

DEJANIRA, L. Forêt de Randan, bois de Bussières. Juin.

HYPERANTHUS, L. Bois humides, bord des rivières. Juin.

ARCANIUS, L. Forêts, bois taillis, Randan, Royat, etc. Juin, juillet.

PAMPHILUS, L. Partout. Mai, juillet.

Var. *Lyllus*, Esp. Çà et là avec le type.

Lyllus n'est pas très-commun en Auvergne et n'est jamais parfaitement caractérisé.

X. Tribus HESPÉRIDÆ.

G. **STEROPES**, Bdv.

Paniscus, F. Mont-Dore, Chaudefour. Juin, juillet.

Il est assez surprenant que ce *Steropes*, cru jusqu'à présent propre au nord de la France, et que l'on ne sup_posait guère dépasser Paris, se trouve dans les bas-fonds de Chaudefour, et paraisse seulement à la fin de juin, le mois d'avril étant par tous les auteurs indiqué comme l'époque de son apparition.

G. **HESPERIA**, Bdv.

Linea, F. Partout. Juillet.

Lineola, Ochs. Prés secs, champs de céréales. Juillet, août.

Les deux espèces sont aussi communes l'une que l'autre dans le Puy-de-Dôme; elles sont très-constantes et ne varient pas.

Sylvanus, F. Coteaux boisés. Juin, août.

Comma, L. Bois élevés et frais, le Chambon, Voissières, bois du Mont-Dore. Juillet.

Actæon, Esp. Coteaux arides. Juin, août.

Cette *Hesperia* est extrêmement abondante dans les pentes de la Durole, près de Thiers, surtout à la deuxième époque; elle succède immédiatement à *Lineola*.

G. SYRICTHUS, Bdv.

ALTHEÆ, H. Prairies élevées, la Baraque, Villars, etc. Juin.

MALVÆ, F. Partout. Juin, juillet.

ALVEUS, H. Lieux secs, pentes gazonnées, clairières des bois. Juillet.

Var. A, Bdv. Mont-Dore, vallée de Chaudefour.

CARTHAMI, Ochs. Prairies sèches, chemins peu fréquentés. Juillet.

Cette espèce est fort abondante dans plusieurs localités du Mont-Dore ; on la voit se poser par groupes nombreux sur la terre humide des sentiers. Elle varie peu.

SERRATULÆ, Ramb. Mont-Dore, Saint-Rémy, Saint-Victor. Juillet.

Ce *Syricthus*, que l'on n'avait pas encore indiqué comme se trouvant en France, est assez commun au Mont-Dore, dans la vallée des Bains et dans quelques prairies de la montagne de Saint-Rémy. Les individus très-frais sont saupoudrés d'atomes jaunâtres, qui ne permettent pas de confondre cette espèce avec aucune autre.

ONOPORDI, Ramb. Mont-Dore, prairies élevées. Juillet.

CIRSII, Ramb. Thiers, Puy-Guillaume, etc., dans les prairies sèches et les clairières des bois. Juin, août.

FRITILLUM, H. Mont-Dore, pentes arides. Juillet.

ALVEOLUS, H. Prairies, coteaux secs. Mai, juillet.

Var. *Lavateræ*, F. Thiers, pentes de la Durole. Mai.

Les pentes de la rive gauche de la Durole, au-dessus de Thiers, sont la seule localité où j'aie pris cette charmante variété. L'espèce type est commune partout.

Sao, H. Coteaux arides, Mont-Dore, Royat, Thiers, etc. Juin, août.

Il est très-probable qu'il existe encore dans le Puy-de-Dôme d'autres *Syricthus*; mais ce genre est d'une étude si difficile, les différences qui séparent les espèces si minutieuses, que l'on ne peut se flatter de longtemps de le tirer au clair. Il faudrait pour cela connaître les chenilles, qui sont encore à peu près inconnues, malgré des recherches assidues, et, en apparence du moins, bien dirigées.

G. THANAOS, Bdv.

Tages, L. Prairies. Avril, mai.

HETEROCERA.

XII. Tribus SESIARIÆ.

G. SESIA, Lasp.

Tenthrediniformis, H. Thiers, coteaux secs, sur les euphorbes. Juin.

Chrysidiformis, Esp. Haies, broussailles, sur les fleurs de sureau. Juin.

Asiliformis, F. Haies, bord des chemins, à Aubière, etc. Juin.

4

APIFORMIS, L. Partout, sur le tronc des peupliers. Juin.

Il est certain qu'il doit exister dans le département un bien plus grand nombre de *Sesia ;* mais ces quatre sont les seules que j'aie encore observées. La chasse aux *Sesia* est très-difficile, toutes les espèces de ce genre ayant le vol rapide et se confondant le plus souvent avec des *Hyménoptères*.

XIII. Tribus SPHINGIDES.

G. MACROGLOSSA, Ochs.

FUCIFORMIS, L. Prairies près de Puy-Guillaume. Mai, juin.

Ce *Macroglossa* est très-abondant dans les prairies de la plaine de Puy-Guillaume ; il butine sur les fleurs des centaurées et des trèfles. Je ne l'ai jamais vu au mois d'août, époque que les auteurs indiquent pour sa seconde apparition.

STELLATARUM, L. Partout, toute l'année.

G. PTEROGON, Bdv

OEnotheræ, F. Bords de l'Allier, base du puy de Crouel. Juin. La chenille en juillet et août sur les *OEnothera* et surtout sur les épilobes.

G. DEILEPHILA, Ochs.

PORCELLUS, L. Jardins, fossés de la Limagne. Juin.

J'ai pris plusieurs fois ce *Deilephila* butinant, au crépuscule, sur les touffes du petit œillet à bordures (*Dianthus moschatus*), près de Puy-Guillaume. La chenille est difficile à se procurer, se tenant cachée pendant le jour sous les touffes les plus épaisses de *Galium verum*.

ELPENOR, L. Vignes, jardins, parcs, prairies, bord des rivières. Mai, juin.

La chenille est quelquefois très-commune aux environs de Clermont, dans les fossés, sur les épilobes; elle paraît préférer de beaucoup cette plante à la vigne. Elle varie du vert au gris noirâtre : je n'ai pas remarqué de variétés dans l'insecte parfait; celui-ci aime à voler au crépuscule dans les jardins, sur les différentes silénées, les verveines et les chèvrefeuilles.

CELERIO, L. Jardins, vignes. Septembre, octobre.

Ce *Deilephila* fait en Auvergne de rares apparitions, et seulement dans les années très-chaudes. Il fut abondant en 1846, et eut deux générations dans le courant de l'automne; les chenilles de la dernière ponte, surprises en novembre par les gelées qui arrêtèrent la végétation de la vigne, périrent faute de nourriture. J'ai revu quelques chenilles en 1852; mais la température ne fut pas assez chaude pour leur permettre d'arriver à l'état d'insecte parfait. Les papillons qui les avaient produites avaient été probablement amenés du midi par les chaleurs de peu de durée qui eurent lieu au commencement de juillet.

NERII, L. Parcs, jardins. Novembre.

Cette espèce paraît en Auvergne encore plus rarement que *Celerio*. Les chenilles y arrivent promptement à leur grosseur et se métamorphosent facilement; mais les chrysalides ne réussissent presque jamais, faute d'une chaleur suffisante.

EUPHORBIÆ, L. Coteaux arides, grèves des rivières. Juin, Septembre. La chenille en juillet et août sur les *Euphorbia*, principalement sur la *cyparissias*

Euphorbiæ est une des espèces de *Sphingides* qui varient le plus, et on serait très-embarrassé de fixer quel est le type le plus ordinaire. J'ai obtenu deux fois des individus dont le facies rappelait celui de l'espèce de Corse *Dahlii*. La chenille varie aussi, mais moins que le papillon.

LINEATA, F. Bord des routes, haies, jardins, sur les chèvrefeuilles, les saponaires, les œillets, etc. Juin, août.

Quoique la chenille de *Lineata* soit polyphage, elle paraît préférer les *Rumex* et les *Linaria;* elle varie beaucoup.

G. **SPHINX**, Ochs.

PINASTRI, L. Bois de pins, Paslières, bords de l'Allier, près de Saint-Georges, etc. Juin, août. La chenille en juillet et septembre sur les diverses espèces de pins.

LIGUSTRI, L. Clermont, dans les jardins. Juin. La chenille en juillet, août et septembre sur les troènes, les lilas et les houx.

Cette espèce, commune aux environs de Paris, est très-rare dans le Puy-de-Dôme; peut-être même n'y a-t-elle été prise qu'accidentellement.

CONVOLVULI, L. Partout. Juin, septembre. La chenille en juillet et octobre sur les *Convolvulus arvensis* et *sepium.*

Convolvuli est très-commun partout, et spécialement à Clermont, dans les jardins, où il vient butiner le soir sur les liserons et les belles de nuit. Sa chenille est très-délicate et périt souvent au moment de chrysalider.

G. **ACHERONTIA**, Ochs.

ATROPOS, L. Champs de pommes de terre. Mai, septembre et octobre.

Cette espèce, autrefois très-commune, paraît être devenue beaucoup plus rare depuis l'invasion de la maladie des pommes de terre. La chenille présente de bizarres variations de couleur; le papillon, au contraire, est très-constant.

G. **SMERINTHUS**, Ochs.

TILIÆ, L. Routes, promenades. Juin, septembre. La chenille en juillet, août et octobre sur les tilleuls et les ormes.

Var. *Ulmi*, Schunc. Mêmes localités.

On a eu tort, à mon avis, de prendre la peine de nommer cette variété, qui se compose seulement de tous les individus les plus petits; car on en trouve de toutes les dimensions, allant par une gradation insensible. Il eût peut-être mieux valu faire une variété du type rougeâtre, qui est parfaitement tranché.

OCELLATA, L. Vergers, vignes, oseraies. Mai, août. La chenille en juillet et septembre sur les saules, peupliers et pommiers.

POPULI, L. Partout, sur les peupliers. Mai, août. La chenille en juillet, septembre et octobre sur les peupliers et les saules.

XIV. Tribus ZYGÆNIDES.

G. ZYGÆNA, Lat.

Achilleæ, Esp. Coteaux calcaires de la Limagne, environs de Clermont, Randan, etc. Mai, juin.

Trifolii, Esp. Prairies des montagnes. Juin, juillet.
Var. *Orobi*, H. Mêmes localités.

Cette *Zygæna* est très-abondante dans toutes nos prairies des montagnes ; sa variété *Orobi*, qui consiste en ce que les taches rouges du dessus des ailes sont réunies et forment une bande continue, est très-rare. Je ne l'ai prise que deux fois bien caractérisée, dans une prairie près de Saint-Victor.

Loniceræ, Esp. Prairies en plaine. Juillet.

Cette espèce, très-difficile à distinguer de la précédente, est plus rare en Auvergne ; elle semble affectionner des stations plus basses et n'habiter que les prairies de la plaine.

Filipendulæ, L. Prairies sèches et élevées, Murols, le Chambon, etc. Juillet, août.

Hippocrepidis, Ochs. Coteaux secs. Juillet.

Peucedani, Esp. Coteaux calcaires des environs de Clermont, à Chanturgues, etc. Juillet.

Onobrychis, F. Terrains calcaires, Randan, Aigueperse, etc., sur les trèfles et les luzernes. Juillet.

Cette espèce et la précédente, ainsi qu'*Achilleæ*, se trouvent exclusivement sur les terrains calcaires ; je ne les ai jamais rencontrées sur aucune autre nature de sol.

FAUSTA, L. Puy de Crouel. Juillet, août.

Cette jolie *Zygène* abonde dans cette localité ; je ne l'ai pas vue ailleurs. Elle aime à se reposer sur les fleurs de *Phyteuma* et de *Centaurea*. Elle est très-facile à prendre à la main en la saisissant par les antennes. Elle varie pour la taille, et on rencontre des individus très-petits.

G. **PROCRIS**, F.

STATICES, L. Prairies sèches, pâturages, bruyères. Juillet.

GLOBULARIÆ, Esp. Murols, Saint-Nectaire, dans les bois. Juillet.

PRUNI, F. Forêt de Randan. Juin.

INFAUSTA, L. Partout, sur les haies et les arbres fruitiers. Juin, juillet.

La chenille de cette *Procris* est quelquefois un véritable fléau pour certains arbres : j'ai vu des abricotiers qu'elle avait entièrement dépouillés de leurs feuilles. Elle commence à ronger le parenchyme seulement ; mais parvenue à la moitié de sa taille, elle dévore toute la feuille.

XV. TRIBUS LITHOSIDES.

G. **EUCHELIA**, Bdv.

JACOBEÆ, L. Partout. Mai, juin. La chenille en juillet sur les *Senecio*, surtout sur le *vulgaris*.

G. **EMYDIA**, Bdv.

CRIBRUM, L. Lieux arides, rochers, pentes de la

Durole près de Thiers, etc. Juillet, août. La chenille en mai et juin sur les graminées.

Le type de *Cribrum* n'est pas parfaitement tranché en Auvergne, et se rapproche souvent plus ou moins de la variété *Candida*. La chenille n'est pas très-rare, mais difficile à élever, et réussit rarement.

GRAMMICA, L. Champs de genêts. Juillet. La chenille en mai et juin sur le genêt commun.

Var. *A*, Bdv. Plaines élevées, la Baraque.

Cette variété, qui diffère du type par ses ailes inférieures entièrement noires, est fort rare. J'en ai vu un seul exemplaire, pris près de la Baraque.

G. MELASINA, Bdv.

CILIARIS, Ochs. Pentes de la Durole au-dessus de Thiers. Août, septembre.

Cette espèce, encore très-peu répandue dans les collections de France, n'avait été prise jusqu'à présent que dans le Valais, en Dalmatie, et tout récemment dans les montagnes de la Franche-Comté. Elle est rare dans la localité où je l'ai prise en 1850 au nombre de trois exemplaires seulement. Depuis cette époque je ne l'ai plus revue, quoique je l'aie recherchée souvent avec le plus grand soin. Autant que j'ai pu en juger, le ♂ volerait à l'ardeur du soleil dans l'après-midi ; son vol est rapide, mais peu soutenu ; il se repose souvent sur les tiges des graminées. La ♀ m'a paru être lourde et se laisser prendre sans chercher à fuir : elle ne vole probablement que la nuit. M. Bruand de Besançon, dans sa Monographie des Psychides, dit que la chenille vit sur l'*Hippocrepis comosa*.

G. **LITHOSIA** , Bdv.

RUBRICOLLIS , L. Bois de Chênes, Randan , Châteldon, etc. Mai.

QUADRA , F. Bois de chênes, Randan, Royat, etc. Juillet. La chenille en juin sur les chênes. Elle est délicate et difficile à élever.

COMPLANA , L. Champs de genêts. Juillet.

COMPLANULA , Bdv. Partout. Juin , juillet.

Ces deux espèces, longtemps confondues par les entomologistes, sont aujourd'hui reconnues pour être bien distinctes. La chenille de *Complanula* est bien plus commune, et se trouve à peu près partout ; je n'ai trouvé encore celle de *Complana* que dans les champs de genêts.

CANIOLA , H. Jardins, vergers. Juin, juillet.

LUTEOLA , H. Forêts, taillis, Randan. Royat, etc. Juin.

VITELLINA , Tr. Bois de Randanne. Août.

AUREOLA , H. Clermont, Thiers, etc., dans les jardins. Mai.

ROSEA , F. Haies en plaine. Juin.

MESOMELLA , L. Lachaux, Châteldon, etc., dans les bois de chênes. Juin.

G. **SETINA** , Ochs.

IRROREA , H. Coteaux arides, genêts. Juillet. La chenille en juin sur les mousses et les lichens.

G. **NACLIA**, Bdv.

ANCILLA, L. Bois secs, Royat, Randan, Thiers, etc. Juillet.

G. **NUDARIA**, Steph.

MUNDANA, L. Murs en pierres sèches. Juillet.

Cette petite espèce est excessivement commune au Mont-Dore, au Chambon, dans tous les villages environnants, et dans les villages du canton de Saint-Rémy, sur les murs en pierres sèches. On trouve en même temps l'insecte parfait, des groupes d'œufs, des chenilles retardataires et des chrysalides. La chenille se nourrit de petits lichens à peine visibles, et, ce qui est remarquable pour une chenille lichénivore, elle est facile à élever en captivité. L'insecte parfait ♂ vole sur les sept heures du matin, sans doute à la recherche de la ♀; celle-ci au contraire ne se déplace qu'après le coucher du soleil. Hors ces moments de vol, ils paraissent l'un et l'autre tout à fait inertes, et se laissent piquer sur place sans chercher à fuir.

MURINA, Esp. Villes, villages, sur les murs des maisons. Juillet.

La chenille de *Murina*, qui se nourrit comme *Mundana* de lichens, est beaucoup moins sédentaire que celle-ci : on la rencontre souvent dans les appartements, où elle se réfugie pendant le jour pour chercher un peu de fraîcheur. Elle est difficile à élever, il m'a été impossible d'en faire réussir une seule. Le papillon vole quelquefois en grand nombre autour des maisons, un peu après le coucher du soleil.

XVI. Tribus CHELONIDES.

G. **CALLIMORPHA**, Bdv.

Dominula, L. Royat, Randan, bois de Châteldon.
Juillet.

Dominula, commune dans tout le nord de la France,
est rare dans le Puy-de-Dôme, tandis que l'espèce suivante est abondamment répandue.

Hera, L. Partout. Juillet, août. La chenille en
mai et juin sur les orties, et sur diverses autres plantes basses.

G. **NEMEOPHILA**, Steph.

Russula, L. Bois taillis, broussailles, Randan,
Royat, bois de Lezoux, etc. Juin, août. La chenille
en mai et juillet sur les plantains, les *Rumex*, et autres plantes basses.

Plantaginis, L. Bois de Royat, Puy-de-Dôme,
Mont-Dore, etc., dans les défrichements. Juin, juillet. La chenille en mai sur diverses plantes basses,
notamment sur le *Plantago alpina*.

Var. *Hospita*, W. V. (à ailes blanches). Sommet
du Puy-de-Dôme, Chaudefour.

Var. *B*, Bdv. (à ailes noires). Hauteurs de Chaudefour.

Les diverses variétés ♂ de cette espèce, dont le type
est très-abondant dans les parties défrichées de la vallée
de Chaudefour, paraissent habiter des zones bien déter-

minées. La variété *Hospita,* qui commence à se trouver au Puy-de-Dôme où elle est rare, est déjà assez commune dans les stations inférieures de la vallée de Chaudefour et du pic de Sancy. La variété *B* ne se rencontre que plus haut, dans les prairies de Chaudefour au-dessus de la région des forêts. La ♀ varie beaucoup moins, et offre seulement des nuances de teintes entre le jaune foncé et le rouge brique. J'ai vu une singulière aberration ♂, tenant à la fois d'*Hospita* et de la variété *B* : le fond des ailes était noir comme dans celle-ci, et les taches du même blanc que celui d'*Hospita.*

G. CHELONIA, Lat.

CIVICA, H. Forêt de Randan, rare. Juin.

VILLICA, L. Partout. Juin. La chenille en avril et mai sur les orties et les cichoracées.

Cette espèce, bien plus commune que la suivante à l'état parfait, est beaucoup plus rare à l'état de chenille, ce qui tient à l'habitude qu'elle a de se tenir souvent cachée. Le type du papillon varie un peu ; mais je n'ai jamais rencontré de variété bien caractérisée.

PURPUREA, L. Environs de Thiers, de Puy-Guillaume, etc., dans les champs de genêts. Juin, juillet. La chenille en mai sur les genêts, les groseilliers, les ormes, la vigne.

La chenille est très-commune dans les champs de genêts de Puy-Guillaume : elle se tient au sommet des tiges, et est très-facile à découvrir et à élever. Je n'ai jamais rencontré l'insecte parfait, dans les localités même où la chenille abonde le plus. Il varie un peu, surtout la ♀ qui est quelquefois très-grande et d'un rouge vif. Je n'ai pas vu la variété jaune.

Caja , L. Partout. Juin , juillet , août. La chenille en avril et mai sur presque toutes les plantes basses , la vigne, les ronces, etc.

Cette *Chelonia*, très-commune, surtout à l'état de chenille , est celle qui varie le plus : les caprices de dessin que l'on remarque sur ses ailes sont si nombreux , qu'il est impossible de les classer en variétés. J'ai pris quelques exemplaires dont la couleur tirait sur le jaune, mais jamais d'une manière assez tranchée pour constituer sans contestation la variété *A*.

Hebe , L. Coteaux arides, pentes du Cordon près Thiers, environs de Clermont , etc. Mai, juin.

Je n'ai pris qu'une seule fois la chenille d'*Hebe* au nombre de cinq ou six exemplaires, près du village de Boulay , sur l'*Anthemis Cotula* : c'était vers le milieu de février ; elles chrysalidèrent en mars, et les chrysalides ne purent éclore faute de chaleur.

G. ARCTIA , Bdv.

Fuliginosa , L. Berges des chemins , lieux pierreux. Juin , août. La chenille en avril, mai et juillet sur les orties, *Rumex,* pissenlits.

Lubricipeda , F. Bois , jardins. Juin.

J'ai trouvé plusieurs fois la chenille à Thiers et dans les environs sur le framboisier cultivé dans les jardins. *Lubricipeda* est beaucoup moins répandue que les deux espèces suivantes.

Menthastri , F. Partout. Mai , juin. La chenille en août et septembre sur les orties, les pissenlits, les *Lamium,* etc.

MENDICA, L. Jardins, prairies. Mai. La chenille en juillet et août sur presque toutes les plantes basses.

XVII. Tribus LIPARIDES.

G. LIPARIS, Ochs.

MONACHA, L. Forêt de Randan, environs de Clermont. Juillet, août.

DISPAR, L. Partout. Juin, juillet. La chenille en mai et juin sur les arbres fruitiers, les peupliers, chênes, etc.

SALICIS, L. Partout, sur les peupliers et les saules. Juillet, septembre.

Cette espèce a bien réellement deux générations par an, quoique les auteurs n'en parlent pas. J'ai élevé en 1852 toute une ponte de la seconde époque : la grande majorité des chenilles a pris tout son accroissement dans cinq à six semaines, et les insectes parfaits sont éclos à la fin de septembre ; un très-petit nombre se sont arrêtées dans leur croissance après la première mue, et sont restées en cet état plus d'un mois, vivantes, mais sans manger : elles sont mortes dans le courant d'octobre. Des œufs, pondus par les papillons de la deuxième génération, sont éclos du 15 au 20 octobre ; mais les petites chenilles sont mortes faute de nourriture. Il serait intéressant que les lépidoptéristes qui habitent la zone la plus méridionale de ce *Liparis* voulussent prendre la peine de compléter ces observations.

AURIFLUA, F. Haies, champs de genêts. Juillet. La chenille en mai et juin sur les *Prunus, Cratægus* et genêts.

Quoique cette espèce paraisse très-voisine de la suivante, et ait, suivant les auteurs, des mœurs semblables, je ne l'ai jamais rencontrée en famille, mais toujours isolément. Elle est rare en Auvergne.

CHRYSORRHÆA , L. Partout. Juillet. La chenille en mai et juin sur tous les arbres.

La chenille de *Chrysorrhœa* est avec celle du *Bombyx Neustria* le fléau des vergers et des jardins. On en diminuerait certainement beaucoup le nombre, si les lois et les règlements sur l'échenillage étaient rigoureusement observés.

G. ORGYA , Bdv.

V. NIGRUM , L. Forêt de Randan. Juillet. La chenille en mai sur les chênes.

PUDIBUNDA, L. Bois de chênes, noyeraies, jardins, sur les arbres fruitiers et les noisetiers. Mai.

La chenille, quoique s'accommodant au besoin de presque tous les arbres, paraît préférer le noyer : elle est souvent assez abondante au moment de la récolte des noix. Le papillon varie beaucoup pour la taille et très-peu pour les couleurs. Je n'ai jamais obtenu la variété entièrement noire qui existe dans le département de l'Allier, et a été aussi signalée dans quelques contrées de l'Allemagne.

FASCELINA , L. Champs de genêts. Juillet, août.

La chenille est très-commune dans les champs de genêts des environs de Thiers. L'insecte parfait varie en couleurs depuis un dessin très-tranché jusqu'à une confusion de teintes presque complète.

CORYLI , L. Bois élevés de chênes, de hêtres, de

bouleaux. Allagnat, Randanne, Randan, Châteldon, etc. Mai, août. La chenille en juin et septembre sur les chênes et les hêtres : je ne l'ai jamais trouvée sur le noisetier.

GONOSTIGMA, L. Environs de Thiers, taillis de Margeride sur les chênes et les framboisiers. Juin, août. La chenille en mai et juillet sur les chênes, framboisiers, genêts, etc.

ANTIQUA, L. Champs de genêts, vergers, haies, jardins, sur les arbres fruitiers et les rosiers. Tout l'été et l'automne. La chenille presque toute l'année sur les arbres fruitiers, les rosiers, ronces, etc.

Cette espèce n'a pas une époque bien fixe d'apparition : elle a quelquefois trois et quatre générations par an. Je ne l'ai jamais trouvée en nombre, mais souvent des chenilles isolées.

XVIII. Tribus BOMBYCINI.

G. **BOMBYX**, Bdv.

NEUSTRIA, L. Partout. Juillet. La chenille en mai et juin sur les arbres fruitiers, les *Cratœgus* et les *Prunus*.

Ce *Bombyx*, très-abondant, et dont la chenille est aussi nuisible que celle de *Chrysorrhœa*, offre deux types bien caractérisés, l'un d'un gris-jaunâtre pâle, l'autre brun-rougeâtre. Ils paraissent aussi fréquents l'un que l'autre.

CASTRENSIS, L. Puy-Guillaume, bruyères élevées. Juillet. La chenille en juin sur l'*Euphorbia cyparissias*.

J'ai rencontré deux fois la chenille de ce *Bombyx*, mais parvenue à sa taille et isolément : je n'ai jamais trouvé de nids.

LANESTRIS, L. Environs de Thiers, forêt de Randan, base du puy de Dôme, Mont-Dore. Février, mars.

La chenille est très-abondante dans les localités qu'elle habite : elle vit sur les *Cratœgus*, *Prunus*, *Cerasus*, *Betula*, etc., par familles nombreuses en juin. La chrysalide reste souvent deux et trois ans, quelquefois même jusqu'à six ou sept avant d'éclore ; environ la moitié seulement éclosent la première année, et toujours en février ou mars. Ou les auteurs se trompent en indiquant pour cette espèce deux époques, mai et septembre, ou ses mœurs seraient aux environs de Paris tout autres qu'en Auvergne.

EVERIA, F. Environs de Thiers, sur les haies. Octobre. La chenille en avril et mai par familles nombreuses sur les *Prunus* et *Cratœgus*.

Everia est quelquefois fort abondant, et passe ensuite plusieurs années presque sans paraître. Il a aussi une époque unique d'apparition, le mois d'octobre, et l'observation faite au sujet de *Lanestris* lui est applicable. Les chrysalides éclosent difficilement en captivité : on facilite beaucoup la naissance du papillon en exposant au soleil les coques placées dans un pot recouvert et enveloppé d'un linge mouillé. Je n'ai jamais remarqué qu'elles attendissent l'année suivante pour éclore.

PITYOCAMPA, F. Bois de pins. Juillet.

Pityocampa reste quelquefois deux ans en chrysalide. La chenille est certaines années si abondante qu'elle dévore des forêts entières ; elle vit en famille sur les *Pinus sylvestris* et *pinaster*.

5

PROCESSIONEA , L. Partout, sur les chênes. Juillet. La chenille en mai et juin par nombreuses familles sur les chênes.

CRATÆGI , L. Haies , broussailles. Juillet , août. La chenille en mai sur les *Cratægus* et *Prunus*.

POPULI , L. Bois élevés de chênes, hêtres, trembles. Allagnat, Royat, Randanne , Châteldon , etc. Octobre, novembre. La chenille en mai sur tous les arbres forestiers.

DUMETI , L. Bois secs. Octobre. La chenille en mai et juin sur les *Hieracium* et les *Leontodon*.

J'ai pris une seule fois la chenille de ce *Bombyx* dans un bois de chênes au-dessus de Châteldon : elle existe certainement dans bien d'autres localités, mais elle est d'une recherche très-difficile, ne mangeant que la nuit, et se cachant pendant le jour à une assez grande distance de la plante qui la nourrit.

RUBI , L. Champs, prairies , forêts. Mai , juin. La chenille en septembre et octobre sur les genêts, ronces, chênes , buissons, etc.

Je n'ai pas été plus heureux que les autres lépidoptéristes qui ont essayé l'éducation de cette chenille. J'en ai conservé 400 pendant tout un hiver; mais au printemps elles ont refusé toute espèce de nourriture, et ont péri jusqu'à la dernière.

QUERCUS , L. Partout. Juillet. La chenille en mai et juin sur les *Cratægus*, *Prunus*, genêts, etc.

TRIFOLII , F. Lieux incultes, pâturages des mon-

tagnes. Août. La chenille en mai et juin sur les genêts, les *Trifolium,* le *Rumex acetosella.*

Var. *Medicaginis,* H. Mêmes localités.

Ce *Bombyx* varie beaucoup, tant pour la taille que pour
les teintes et leur disposition. On retrouve tous les passages entre le type et la variété *Medicaginis,* et de plus
des aberrations s'écartant notablement de l'un et de
l'autre.

G. **ODONESTIS**, Germ.

POTATORIA, L. Riom, Thiers, Châteldon, etc.,
prairies, bord des ruisseaux. Juillet, août. La chenille en mai et juin sur les *Bromus.*

Le ♂ ne varie pas ; mais il n'en est pas de même de
la ♀ ; on en trouve de toutes les nuances, depuis le
jaune paille très-pâle, jusqu'au jaune foncé brunâtre, se
rapprochant un peu de la teinte du ♂. Je n'ai jamais vu
la variété, signalée par les auteurs, absolument de la
couleur du ♂.

G. **LASIOCAMPA**, Lat.

PRUNI, L. Thiers, Aigueperse, Puy-Guillaume, etc.,
dans les vergers, sur les haies de clôture. Juin, juillet. La chenille en mai sur les pruniers, les ormes, le
saule marceau.

Cette belle espèce s'élève très-bien en domesticité,
pourvu qu'elle soit constamment à l'air libre. J'ai élevé
cette année une quatrième génération, sans que le type
paraisse avoir dégénéré comme il arrive ordinairement
par une succession d'éducations. Je n'ai remarqué aucune
variété dans l'insecte parfait, mais j'ai trouvé une fois la
variété de la chenille à collier bleu noir.

QUERCIFOLIA., L. Haies, vergers, jardins. Juillet, août. La chenille en mai et juin sur tous les arbres fruitiers, les *Cratægus*, le chêne, etc.

POPULIFOLIA, F. Bords de la Dore à Puy-Guillaume. Juin.

J'ai pris une seule fois deux chenilles de cette espèce, dans la localité indiquée, sur le peuplier baumier, et ne l'ai plus retrouvée depuis.

BETULIFOLIA, F. Bois de chênes, Randan, Châteldon, etc. Avril, mai. La chenille en juillet sur le chêne.

Il est très-probable que la *Lasiocampa Pini* existe dans quelqu'une de nos forêts de pins; mais je ne l'ai pas encore rencontrée : j'en ai élevé avec succès une ponte provenant de la Gironde.

J'ai remarqué une immense différence dans la durée de l'accouplement de *Pruni* et *Quercifolia*. Chez *Pruni* elle n'est que de quelques instants, tandis que chez *Quercifolia* elle est de près de vingt-quatre heures. Cette particularité, rapprochée de la différence des chenilles, des coques et des chrysalides, de la coupe des ailes de l'insecte parfait, de la dissemblance des supérieures et des inférieures dans *Pruni*, tandis qu'elles sont semblables dans *Quercifolia*, ne semblerait-elle pas indiquer que le genre *Lasiocampa* doit être divisé ? A ne considérer pour opérer cette coupe que les insectes parfaits, dans une des divisions, ayant pour type *Pruni*, se rangeraient naturellement *Pini* et *Lobulina;* dans l'autre, *Quercifolia, Populifolia, Betulifolia, Ilicifolia* et *Suberifolia*. Quant à *Lineosa* et *Otus*, elles diffèrent encore davantage, et devraient à bien plus forte raison être classées à part. Sous le rapport de la chrysalide et de l'insecte parfait, *Pruni* se rapproche beaucoup plus de l'*Odonestis Potatoria* que des *Lasiocampa* à ailes dentelées.

XIX. Tribus SATURNIDES.

G. SATURNIA, Schranck.

PYRI, Bork. Jardins, vergers, promenades. Mai. La chenille en août sur le poirier, le prunier, l'amandier, l'orme, l'aubépine, etc.

CARPINI, Bork. Haies, broussailles, bruyères. Avril, mai. La chenille en juin et juillet sur la ronce, les *Prunus*, les saules, la bruyère.

Cette chenille est très-abondante au Mont-Dore, dans les plaines hautes sur la bruyère, et dans les prairies sur les petits saules. Elle reste quelquefois deux et trois ans en chrysalide, fait connu depuis longtemps pour *Pyri*.

XX. Tribus ENDROMIDES.

G. AGLIA, Ochs.

TAU, L. Bois d'Allagnat, de Randan. Mai. La chenille en juillet et août sur le chêne et le hêtre.

Le type d'Allagnat est beaucoup plus grand et d'une couleur plus vive que celui de Randan, ce qui tient soit à l'élévation, soit à ce que la chenille y vit sur le hêtre, tandis qu'elle se nourrit de chêne à Randan, et peut-être aux deux causes réunies. Le ♂ vole le matin et dans l'après-midi à la recherche de la ♀ qui se tient sur les herbes ou sur les tiges desséchées sur lesquelles elle s'est développée. L'accouplement dure plusieurs heures, et ce n'est que la nuit que la ♀ prend son vol pour déposer ses œufs par petits groupes, soit sous les feuilles, soit sur le tronc des arbres. La chenille est facile à élever, quoique d'une croissance assez lente.

G. **ENDROMIS**, Ochs.

Versicolora, L. Bois à la base du puy de Dôme.
Mars, avril. La chenille en juin et juillet sur les bouleaux et les noisetiers.

XXI. Tribus ZEUZERIDES.

G. **COSSUS**, Bdv.

Ligniperda, F. Promenades, sur les ormes, bord
des ruisseaux, sur les chênes et les saules. Juillet.
La chenille toute l'année dans le tronc des chênes,
saules, pommiers, ormes, etc. Cette chenille vit trois
ans.

L'odeur *sui generis* très-forte et très-désagréable
qu'exhale ce papillon fournit un moyen commode de le
chasser; il se fait sentir au moins à dix ou douze pas. Cette
espèce, sans être rare, n'est pas assez multipliée en Auvergne pour être regardée comme malfaisante, comme
dans certaines villes, Rochefort par exemple.

G. **ZEUZERA**, Lat.

Æsculi, L. Environs de Puy-Guillaume. Juillet.
J'ai pris une seule fois la chenille de cette espèce dans
le tronc d'un jeune chêne qu'elle avait rongé presque
entièrement. Elle m'a paru robuste et d'une éducation
facile. M. Lamotte l'a rencontrée à Riom dans le tronc
d'un poirier.

G. **HEPIALUS**, F.

Humuli, L. Environs de Riom. Juin.

SYLVINUS, L. Prairies, pâturages. Mai, août.

LUPULINUS, L. Thiers, prairies sèches. Mai, août.

Lupulinus est beaucoup plus rare que *Sylvinus* qui se rencontre à peu près partout, et que l'on prend facilement en chassant au crépuscule dans les prairies.

XXII. TRIBUS PSYCHIDES.

G. **PSYCHE**, Schranck.

NITIDELLA, H. Thiers, rochers, murs de pierres sèches. Juin.

MUSCELLA, F. Puy de Dôme. Mai. Mont-Dore. Juillet.

La différence de l'époque d'apparition de cette espèce dans deux localités est assez remarquable. Aurait-elle deux époques? On hésite à le croire, vu les mœurs ordinaires des *Psyche*. Ce qui est plus probable, c'est que deux espèces très-voisines sont confondues sous le même nom.

ALBIDA, Esp. Plaines au pied du puy de Dôme, Puy-Guillaume, dans les prés secs et les genêts. Juin.

GRAMINELLA, W. V. Partout. Juin. La chenille en mai, très-commune partout sur les graminées dans les lieux secs.

Il doit exister bien d'autres *Psyche* dans notre département: j'ai pris plusieurs fois des fourreaux ne se rapportant à aucune de ces quatre espèces; mais ils étaient vides ou bien n'ont pu arriver à leur dernière transformation.

XXIII. Tribus COCLIOPODES.

G. **LIMACODES**, Lat.

Testudo , G. Bois de chênes, Randan , Châteldon , etc. Juin. La chenille en septembre et octobre
sur le chêne.

XXIV. Tribus DREPANULIDES.

G. **CILIX**, Leach.

Spinula , H. Partout, sur les haies , dans les jardins. Mai, juillet. La chenille en avril et juin sur les
Cratægus et les *Prunus*.

G. **PLATYPTERYX**, Lasp.

Falcula , H. Aulnaies près de Puy-Guillaume.
Mai, août. La chenille en juillet et septembre sur l'aulne.

Hamula , Esp. Bois de chênes , Thiers , Randan , etc. Mai, août.

XXV. Tribus NOTODONTIDES.

G. **DICRANURA**, Lat.

Bifida , H. Bord des rivières , sur les saules et
peupliers , à Puy-Guillaume , Ris , etc. Mai, juillet.
La chenille en juin et septembre sur les mêmes arbres.

Furcula , L. Mêmes localités. Mai, Juillet. La
chenille aux mêmes époques, et sur les mêmes arbres
que la précédente.

Furcula est beaucoup plus rare que *Bifida* dans les localités que j'ai explorées : les deux chenilles sont très-sujettes à être ichneumonées. J'ai pris une fois dans les bois de hêtres de Châteldon une jeune chenille de *Dicranura* que je ne pus pas élever, et qui me parut être *Bicuspis*.

Vinula, L. Partout, sur les saules, peupliers et trembles. Juin. La chenille en août sur les saules, osiers, peupliers, etc.

Cette *Dicranura*, en Auvergne comme ailleurs, varie beaucoup pour la taille et pour la teinte, surtout le ♂ : j'ai pris des individus se rapprochant du ton d'*Erminea*. Je n'ai jamais rencontré cette dernière espèce qui doit cependant exister sur quelque point du département.

G. HARPYIA, Ochs.

Fagi, L. Bois de chênes et de hêtres, Châteldon, Allagnat, etc. Juin. La chenille en août sur le chêne et le hêtre.

Milhauseri, F. Paslières, sur les chênes qui bordent les champs. Juin.

J'ai pris pour la première fois en 1852, la chenille de cette rare espèce, en battant au parapluie les branches basses des vieux chênes que l'on retaille chaque année pour la feuille. Cette chenille est facile à élever à l'air libre.

G. ASTEROSCOPUS, Bdv.

Cassinia, F. Environs de Thiers, de Puy-Guillaume, etc., sur les haies. Novembre, décembre. La chenille en mai et juin sur les *Cratægus*, *Prunus*, *Cerasus*, etc.

J'ai pris plusieurs fois *Cassinia* voltigeant dans les appartements autour des lumières, de onze heures du soir à minuit, vers la fin de novembre. La chenille n'est pas très-rare, mais difficile à faire réussir.

G. **PTILODONTIS**, Steph.

PALPINA, L. Plaines, sur les saules et peupliers. Mai, août. La chenille en juillet et octobre sur les peupliers, saules, osiers.

Cette espèce, très-commune partout, varie beaucoup pour la taille, et offre pour la nuance deux types bien tranchés, l'un d'un gris presque blanc, l'autre très-foncé. J'ai élevé souvent des pontes de la chenille qui ont toujours bien réussi.

G. **NOTODONTA**, Ochs.

CAMELINA, F. Bois, broussailles, champs, sur les chênes. Juin.

La chenille de *Camelina* est quelquefois très-commune sur les chênes : la variété rose est rare, je ne l'ai prise qu'une fois.

DICTÆA, L. Partout, sur les peupliers. Mai, juillet. La chenille en juin et septembre sur les peupliers et les saules.

DICTÆOIDES, Esp. Aulnaies des bords de la Dore et de la Credogne à Puy-Guillaume. Juin. La chenille en septembre sur l'aulne.

TRITOPHUS, F. Puy-Guillaume, Aigueperse, etc., sur les peupliers en plaine. Mai, août. La chenille en juillet et septembre sur les peupliers suisse et baumier.

Le type de *Tritophus* est petit en Auvergne, et ne dépasse guère la taille de *Ziczac*. Il est beaucoup plus grand dans l'Allier, aux environs de Vichy où il atteint presque la dimension de *Trepida*.

ZICZAC, L. Bord des ruisseaux, oseraies. Mai, août. La chenille en juillet et septembre, sur les saules, osiers et peupliers.

TREPIDA, F. Thiers, Châteldon, etc., dans les bois et sur les chênes qui bordent les champs. Mai, Juin. La chenille en juillet et août sur le chêne.

QUERNA, W. V. Environs de Puy-Guillaume, sur les chênes. Juin.

Cette jolie espèce est rare: la chenille est infiniment plus tardive que celles de ses congénères *Chaonia* et *Dodonœa* : je l'ai trouvée jusqu'au milieu d'octobre.

CHAONIA, H. Thiers, montagne de la Pierre qu danse, sur les vieux chênes isolés. Mai.

DODONÆA, W. V. Thiers, Escoutoux, Puy-Guillaume, etc. Sur les chênes. Mai.

La chenille est très-commune et s'élève facilement, mais les chrysalides sont très-sujettes à se dessécher en hiver. Elle vit exclusivement sur le chêne ainsi que les deux précédentes, *Chaonia* et *Dodonœa*.

PLUMIGERA, F. Forêt de Randan, haies d'érables sur la route de Vichy. Juin.

G. **DILOBA**, Bdv.

COËRULEOCEPHALA, L. Partout, sur les haies et les arbres fruitiers. Octobre. La chenille en mai sur les *Cratægus*, *Prunus*, *Pyrus*, etc.

G. **PYGÆRA**, Bdv.

BUCEPHALA, L. Bois, vergers, jardins. Mai, juin. La chenille en août et septembre sur les chênes, châtaigniers, peupliers, noisetiers, poiriers, etc.

Var. *Plumbacea*, mihi.

Cette variété ♂ très-remarquable consiste en ce que le glacé d'un blanc d'argent, qui couvre dans le type presque toute la surface supérieure des premières ailes, a disparu complètement : ses ailes sont d'une teinte grisâtre plombée uniforme sans aucun brillant ; la base des ailes inférieures est aussi plus largement grisâtre. J'en ai obtenu un seul exemplaire sur une éducation de plus de 100 individus.

G. **CLOSTERA**, Hoff.

CURTULA, L. Bords des rivières, oseraies, peupliers. Mai, juillet.

La chenille est assez commune sur les peupliers et les saules, mais difficile à trouver : elle se tient presque toujours cachée entre deux feuilles qu'elle lie par des fils de soie.

ANACHORETA, F. Chantereine près Thiers, sur les peupliers au bord du ruisseau. Mai, juillet.

NOCTUÆ.

XXVI. Tribus NOCTUOBOMBYCINI.

G. **CYMATOPHORA**, Bdv.

Ridens, F. Bois de chênes, Randan, Châteldon, etc. Avril.

Octogesima, H. Bord des rivières, sur les peupliers. Mai.

Or, F. Bords de la Dore à Puy-Guillaume. Mai.

Flavicornis, L. Bois de chênes, Randan, Royat, Durtol, etc. Avril.

Diluta, F. Bois Mariol au-dessus de Châteldon, dans les taillis de chênes. Octobre.

Cette jolie espèce du Nord n'est pas rare dans plusieurs portions du bois Mariol. J'ai pris une variété obscure où la bande brunâtre tranche sur le fond d'une manière marquée.

G. **PLASTENIS**, Bdv.

Subtusa, F. Peupliers au bord des rivières. Juillet. La chenille en juin sur les peupliers

Retusa, L. Mêmes localités. Juillet.

XXVII. Tribus BOMBYCOIDES.

G. **ACRONYCTA**, Ochs.

Leporina, L. Montpeyroux près Puy-Guillaume sur les peupliers. Juillet.

Notre type de *Leporina* est très-blanc, et diffère singulièrement de celui de la Gironde qui est tout sablé de grisâtre.

ACERIS , L. Bois de chênes, Royat, Randan, etc. Juin.

MEGACEPHALA , F. Peupliers en plaine. Juin.

La chenille est extrêmement abondante en août et septembre sur tous les peupliers; le papillon varie un peu pour la teinte générale des ailes qui est plus ou moins foncée : quelques sujets ont un léger reflet d'un rosé violâtre.

ALNI , L. Aulnaies à Baruptel près Thiers , Puy-Guillaume, dans les châtaigneraies. Juin.

J'ai pris seulement deux fois la chenille de cette Noctuelle, l'une sur le châtaignier, l'autre sur l'aulne ; elle est du reste très-rare partout , et manque à beaucoup de collections.

TRIDENS , F. Haies , vergers. Mai. La chenille en juillet sur le poirier et l'aubépine.

PSI , F. Partout. Juin , juillet. La chenille en août et septembre sur le poirier, l'orme , l'érable, les *Cratægus, Prunus,* etc.

Ces deux espèces se ressemblent beaucoup, et sont quelquefois difficiles à distinguer à l'état parfait, quoique les deux chenilles n'aient pas le moindre rapport, même pour la forme. *Psi* est bien plus commune que *Tridens.*

AURICOMA, F. Mont-Dore, pentes de Chaudefour.

J'ai trouvé la chenille de cette *Acronycta* à la fin de juillet sur le *Plantago alpina;* je ne sais à quelle époque a lieu l'éclosion de l'insecte parfait à une température aussi différente de celle des localités ordinaires de cette espèce.

RUMICIS, L. Partout. Toute l'année. La chenille toute l'année sur les ronces, les rosiers, les *Rumex*, les *Atriplex*, etc.

EUPHORBIÆ, F. Les Horts près Thiers. Mai. La chenille en juillet sur l'*Euphorbia cyparissias*.

EUPHRASIÆ, Bork. Coteaux arides. Mai, août. La chenille en juin et septembre sur les euphorbes.

Cette noctuelle varie beaucoup pour la teinte générale : elle est ordinairement assez claire; mais on rencontre parfois des individus presque aussi foncés que *Euphorbiæ*.

G. **DIPHTERA**, Ochs.

ORION, Esp. Bois, champs, prairies, sur les chênes. Juin.

La chenille de cette jolie espèce est très-commune à peu près partout sur les chênes ; mais son éducation réussit mal, et je crois qu'il en périt aussi beaucoup dans l'état de nature, car l'insecte parfait est rare.

G. **BRYOPHILA**, Tr.

GLANDIFERA, W. V. Jardins, vieux murs, rochers. Juillet.

Cette espèce, la plus commune des *Bryophila* dans certaines localités, paraît assez rare dans le Puy-de-Dôme. Je n'ai jamais rencontré la variété *Par*.

PERLA, F. Villes, villages, dans les habitations. Août.

Cette *Bryophila* est certaines années très-abondante : elle pénètre le soir dans les appartements, et vient voltiger en grand nombre autour des lumières.

ALGÆ, F. Margeride près Thiers. Juillet.

J'ai pris une seule fois cette espèce sur le tronc moussu d'un vieux châtaignier dans la localité indiquée.

LUPULA, H. Rochers, vieux murs. Juillet.

RAPTRICULA, H. Mêmes localités. Juillet.

Ces deux espèces, très-difficiles à distinguer, sont rares, et n'ont pas d'habitat bien fixe. Je les ai prises dans différentes localités sur des rochers couverts de mousse, sans pouvoir les y retrouver plus tard.

XXVIII. TRIBUS AMPHIPYRIDES.

G. **GONOPTERA**, Lat.

LIBATRIX, L. Partout. Toute l'année. La chenille toute l'année sur les peupliers, saules et bouleaux.

G. **SPINTHEROPS**, Bdv.

CATAPHANES, H. Clermont. Août.

DILUCIDA, H. Thiers, dans les habitations. Juillet.

G. **AMPHIPYRA**, Ochs.

CINNAMOMEA, Bork. Clermont, Thiers, Puy-Guillaume. Août, septembre. La chenille en mai et juin sur le *Prunus spinosa* et le peuplier.

J'ai pris quelquefois en nombre cette belle espèce aux environs de Puy-Guillaume, en visitant le matin des volets restés fermés pendant la nuit : elle vient s'y réfugier en compagnie de *Pyramidea*, *Livida* et *Tragopo-gonis*.

PYRAMIDEA, L. Partout. Juin, juillet. La chenille en avril et mai sur les cerisiers et les pruniers.

G. SCOTOPHILA, H.

LIVIDA, F. Environs de Puy-Guillaume. Août, septembre.

J'ai pris plusieurs fois cette rare espèce du midi, soit derrière les volets, soit à la miellée. Toutes mes recherches pour découvrir sa chenille ont été sans résultat.

TRAGOPOGONIS, L. Jardins, lieux habités. Juillet, août.

G. MANIA, Tr.

MAURA, L. Vieux édifices, vieux murs. Juillet.

Cette noctuelle aime beaucoup les lierres, sur lesquels elle vient butiner au crépuscule. Je l'ai prise aussi la nuit à la miellée, et pendant le jour dans les lieux obscurs et humides, comme le dessous des ponts, les murs des cabinets de bains, etc.

TYPICA, L. Lieux obscurs et humides, voûtes des ponts, etc. Juillet.

G. RUSINA, Steph.

TENEBROSA, H. Bois de Durtol. Juillet, août.

XXIX. Tribus NOCTUIDES.

G. SEGETIA, Steph.

XANTHOGRAPHA, F. Bois, prairies, jardins. Août.

Cette espèce est très-commune, tant à l'état d'insecte
parfait, volant au crépuscule sur les gazons, qu'à l'état
de chenille. Celle-ci vit en février et mars sur les touffes
de graminées et de violettes. Son éducation est difficile,
et il n'en réussit quelques-unes qu'à la condition de
garnir le fond de leurs caisses de mottes de terre grossière, pierreuse et non désagrégée.

G. **CERIGO**, Steph.

CYTHEREA, F. Prés secs, bois, Durtol, Thiers,
Puy-Guillaume, près de Saint-Alyre, etc. Juillet.

G. **TRIPHÆNA**, Tr.

LINOGRISEA, F. Thiers, jardins, haies, bord des
chemins. Juillet.

J'ai rencontré plusieurs fois la chenille de cette espèce
sous les orties et les vipérines. Elle se montre de très-
bonne heure, et chrysalide ordinairement à la fin de
février ou dans les premiers jours de mars.

JANTHINA, F. Haies, bord des prés. Juillet.

La plante que paraît préférer la chenille à l'état de
liberté est l'*Arum maculatum*, dans les feuilles duquel
elle fait des trous orbiculaires qui révèlent sa présence.
Elle ne mange que la nuit, et pendant le jour se cache,
quelquefois très-profondément, sous les détritus et les
feuilles sèches. En captivité elle est polyphage, et mange
à peu près indistinctement toutes les plantes basses.

FIMBRIA, L. Bois, prés secs. Juillet.

La chenille est quelquefois assez commune en avril et
mai sous les primevères et les valérianes ; mais elle s'é-
lève difficilement. L'insecte parfait varie beaucoup pour

les ailes supérieures, sur lesquelles le dessin est tantôt d'une teinte très-claire, tantôt très-rembruni.

ORBONA, F. Partout. Juin, juillet. La chenille en avril et mai sous presque toutes les plantes basses.

SUBSEQUA, W. V. Durtol, Puy - Guillaume, Mont-Dore. Juin, juillet.

Cette espèce du Nord est très-rare dans le Puy-de-Dôme : je n'ai jamais trouvé la chenille qui, d'après les auteurs, aurait des mœurs toutes différentes d'*Orbona*, et serait graminivore.

PRONUBA, L. Partout. Juin, juillet. La chenille en avril et mai sous les orties, les *Rumex,* les pissen-lits, etc.

Cette *Triphœna,* abondante dans toute espèce de loca-lités, est surtout extrêmement multipliée au Mont-Dore, dans les bois de sapins en montant au Capucin. Elle varie beaucoup aux ailes supérieures.

G. OPIGENA, Bdv.

POLYGONA, F. Environs de Thiers, montagne des Horts. Juillet. La chenille en mai sur le genêt.

G. CHERSOTIS, Bdv.

MULTANGULA, H. Thiers, pentes de la Durole. Juillet.

J'ai pris assez souvent la chenille de cette *Chersotis* sur les maigres graminées qui croissent dans les rochers de la rive droite de la Durole. Elle m'a paru délicate et difficile à élever : je n'ai obtenu que deux fois l'insecte parfait.

PORPHYREA, H. Bois de Durtol. Juin, juillet.

Plecta, L. Environs de Thiers, de Puy-Guillaume, fossés, basses-cours. Juin, août. La chenille en juillet et septembre sous les persicaires et les *Rumex*.

Je suis persuadé que les *Chersotis Agathina* et *Ericæ* doivent exister sur nos montagnes granitiques couvertes de bruyères; mais je ne les y ai encore jamais rencontrées.

G. **NOCTUA**, Tr.

C. Nigrum, L. Partout. Mai, juillet. La chenille en avril et juin sous les orties.

Triangulum, Ochs. Environs de Thiers, de Clermont, etc. Juillet.

Rhomboidea, Esp. Puy-Guillaume. Juillet.

Depuncta, L. Puy - Guillaume, Montpeyroux. Août, septembre.

J'ai pris, mais rarement, ces deux espèces à la miellée; il m'a été impossible de trouver leurs chenilles.

Festiva, W. V. Mont-Dore, hautes prairies de Chaudefour, sur les fleurs de gentianes. Juillet.

Glareosa, Esp. Environs de Thiers. Juillet.

J'ai pris une seule fois la chenille de cette rare espèce sous une touffe de ficaire (*Ranunculus ficaria*), dans une prairie humide de la rive gauche de la Durole, vis-à-vis de Saint-Roch.

G. **SPÆLOTIS**, Bdv.

Ravida, H. Aigueperse, Puy - Guillaume, près des habitations. Juillet.

Cette espèce est certaines années très-abondante : elle aime beaucoup à se réfugier dans les maisons pendant la journée, et peu après le soleil couché elle vient voltiger après les vitres : je l'ai prise aussi en grand nombre à la miellée. Elle m'a paru ne pas varier du tout.

PRÆCOX, L. Bois de pins près de Paslières. Juillet.

J'ai pris une seule fois cette *Spælotis* sur le tronc d'un pin, où elle se trouvait sans doute accidentellement ; car aux environs de Boulogne sur mer, où elle n'est pas rare, on la trouve sur les dunes, constamment cachée dans des touffes de plantes à demi-couvertes de sable.

PYROPHILA, F. Clermont, Royat, Thiers, etc., dans l'intérieur des maisons. Juin, juillet.

LATENS, H. Durtol, la Baraque. Juillet.

G. AGROTIS, Ochs.

SAUCIA, H. Puy-Guillaume. Juillet, août.

J'ai pris, mais rarement, cette *Agrotis* à la miellée. Elle varie beaucoup pour la taille.

SUFFUSA, F. Durtol, Royat, Puy-Guillaume. Juillet, août.

SEGETUM, W. V. Partout. Août.

TRUX, H. Thiers. Août, septembre.

La chenille de cette espèce est très-abondante dans les pentes rocailleuses de la rive droite de la Durole au-dessus de Thiers : elle paraît se nourrir à peu près indistinctement des racines et des feuilles caulinaires de presque toutes les plantes basses ; elle s'élève très-facilement en captivité avec des touffes de graminées auxquelles on laisse une motte épaisse de terre, dans laquelle elle se cache profondément pendant le jour. La coque est formée de grains de terre agglomérés, sans fils de soie apparents, et très-fragile : la chenille s'y enferme trois à quatre semaines avant de se transformer en chrysalide. L'insecte parfait varie beaucoup, et il ne serait pas difficile de créer aux dépens de cette espèce plus de vingt variétés bien distinctes, mais se fondant cependant toutes les unes avec les autres par des intermédiaires : quelques individus, assez rares, et n'affectant du reste rien de fixe pour la teinte générale, offrent sur les ailes supérieures deux taches à très-peu près semblables à celles d'*Exclamationis*.

EXCLAMATIONIS, L. Partout. Juin, juillet.

CORTICEA, W. V. Mont-Dore, Chaudefour, sur les gentianes. Juillet.

CINEREA, Bork. Mont-Dore. Juillet.

Cette *Agrotis* vole en plein jour dans les hautes prairies; elle est rare et on la prend presque toujours passée.

TRITICI, L. Aigueperse, Puy-Guillaume. Juin, juillet.

J'ai pris cette espèce à la miellée; elle paraît être assez rare dans notre département, quoique les auteurs la donnent comme généralement commune en France.

OBELISCA, W. V. Durtol, sur la bruyère. Juillet.

AQUILINA, W. V. Partout. Juillet, août.

Var. *Vitta*, H. Durtol, Aigueperse.

Var. *Ruris*, H. Çà et là, avec le type.

FUMOSA, F. Mont-Dore, pentes et prairies de Chaudefour, sur les gentianes en fleur. Juillet.

PUTA, H. Clermont, Thiers, Puy-Guillaume. Mai, octobre.

J'ai pris, en octobre dernier, deux exemplaires ♂ et ♀ de cette noctuelle, à la miellée, aux environs de Puy-Guillaume ; il paraîtrait donc qu'elle aurait deux générations par an.

PUTRIS, L. Durtol. Juin, juillet.

VALLIGERA, F. Durtol, sur la bruyère. Août.

CRASSA, H. Villars, la Baraque. Juillet.

G. **HELIOPHOBUS**, Bdv.

GRAMINIS, L. Mont-Dore. Juillet, août.

Cette noctuelle est très-abondante sur tous les plateaux élevés du Mont-Dore, où croît le *Nardus stricta*, qui est très-probablement la nourriture de sa chenille. Le ♂ vole en grand nombre le matin, de 7 à 9 heures, autour des touffes de cette graminée, où la ♀ se tient cachée et est fort difficile à découvrir, la plante étant très-fournie ; plus tard on n'en voit plus un seul. Les hirondelles leur font une guerre acharnée, et il n'est pas rare de les voir happés au vol et dévorés immédiatement. La meilleure manière de se procurer la ♀ et même le ♂ très-frais serait d'arracher en juin, à la bêche, les touffes de *Nardus*, et de rechercher les chrysalides dans leur motte ; en juillet, on n'y trouve plus que quelques retardataires. Le papillon varie un peu, mais je n'ai jamais trouvé de différences assez tranchées pour constituer de véritables variétés.

POPULARIS, L. Durtol. Juillet, août.

XXX. TRIBUS HADENIDES.

G. **LUPERINA**, Ochs.

LEUCOPHÆA, Bork. Environs de Thiers, champs

de genêts. Juin. La chenille en avril sur les genêts et les *Rumex*.

J'ai rencontré plusieurs fois cette noctuelle plaquée, soit sur le tronc des jeunes arbres, soit sur les rochers, mais toujours dans le voisinage des genêts. Il est rare de la prendre fraîche.

Cespitis, W. V. Bois de Royat. Août.

Testacea, W. V. Environs de Thiers, de Clermont, etc., dans les champs de genêts. Mai, août.

Infesta, Ochs. Partout. Juin.

Albicolon, H. Environs de Clermont. Juin.

Virens, L. Bois de Randanne. Juillet.

Lateritia, Esp. Mont-Dore. Juillet.

Cette espèce, très-rare au Mont-Dore, où je l'ai prise ur les fleurs de gentianes, y est beaucoup plus petite que dans les Alpes suisses, mais n'offre aucune différence pour la couleur et le dessin.

Rurea, F. Royat, Durtol. Juin.

Pinastri, L. Environs de Thiers, de Puy-Guillaume, etc., dans les jardins et les lieux cultivés. Mai, juin. La chenille en avril et octobre sur les *Rumex*.

Hepatica, W. V. Montpeyroux, près Puy-Guillaume. Juin.

J'ai pris une seule fois, à la miellée, cette espèce, indiquée jusqu'à présent comme exclusivement propre à la France occidentale.

Lithoxylea, W. V. Royat, Mont-Dore. Juillet.

Polyodon, L. Partout. Juillet.

CONSPICILLARIS , L. Puy-Guillaume , Escoutoux,
bois de chênes. Avril, mai.

Var. *Melaleuca,* Bdv. Mêmes localités.

GEMINA, Tr. Clermont, aux Buges. Mai.

DIDYMA, Bork. Bois, prés secs. Juin.

Var. *Nictitans*, H. Mont-Dore, sur les gentianes.
Juillet.

Var. *Secalina*, H. Çà et là, avec le type.

IMBECILLA, F. Mont-Dore. Juillet, août.

Cette petite noctuelle, crue jusqu'à présent tout à
fait étrangère à la France centrale, est excessivement
commune dans les pentes de Chaudefour, sur les fleurs
de gentianes, où il serait facile, dans une journée favo-
rable, de la récolter par centaines. La ♀ est un peu
moins abondante que le ♂ , et en diffère tellement,
qu'on a peine à se persuader que ce soit la même espèce.

G. APAMEA , Bdv.

STRIGILIS, L. Haies, jardins. Mai, juin. La chenille en avril sur les *Cratægus* et les *Prunus*.

Var. *Rubeuncula,* Donzel. Mont-Dore. Juillet,
août.

Cette variété, si toutefois c'est bien une variété, car
elle diffère essentiellement de *Strigilis* type, tant pour
le facies et les mœurs de l'insecte parfait que pour l'é-
poque d'apparition, cette variété, dis-je, n'est pas rare
dans les pentes abruptes de la vallée de Chaudefour,
près du rocher de la Malice, sur les fleurs des gentianes
et d'autres plantes. Je n'ai jamais rencontré, dans cette
localité, ni *Strigilis* type, ni même des individus de *Rubeuncula* paraissant tendre à former le passage.

FURUNCULA, W. V. Mont-Dore. Juillet, août.

CAPTIUNCULA, Tr. Mont-Dore. Juillet, août.

Ces deux espèces se rencontrent dans les mêmes localités, les mêmes conditions, et aux mêmes époques que *Rubeuncula*, mais elles sont bien plus rares qu'elle, surtout *Furuncula*.

G. HADENA, Bdv.

LUTULENTA, W. V. Environs de Clermont, de Thiers, de Puy-Guillaume, etc., dans les champs de genêts. Septembre. La chenille en mai sur le genêt.

ÆTHIOPS, Ochs. Mêmes localités. Septembre. La chenille en mai sur le genêt.

Les chenilles de ces deux espèces, nullement voisines à l'état parfait, quoiqu'elles soient placées à côté l'une de l'autre par la plupart des auteurs, uniquement sans doute à cause de l'analogie des couleurs, sont quelquefois très-difficiles, pour ne pas dire impossibles à distinguer. Quoique toutes les deux polyphages, elles m'ont paru préférer le genêt commun à toute autre nourriture.

PERSICARIÆ, L. Environs de Puy-Guillaume. Mai.

J'ai pris plusieurs fois la chenille de cette *Hadena* sous les diverses espèces de *Polygonum* qui croissent dans les basses cours un peu humides, mais elle m'a paru d'une éducation très-difficile, et je n'ai pu réussir à en amener une seule à sa dernière transformation.

BRASSICÆ, L. Partout. Mai, juin. La chenille en août et septembre sur les *Brassica*, les *Beta* et les *Atriplex*.

SUASA, W.V. Plaine de Puy-Guillaume. Septembre.

Suasa est très-rare; je ne l'ai prise que deux fois dans la plaine au-dessus de Puy-Guillaume, sur de petits chênes près de Genestoux.

OLERACEA, L. Jardins, bords des routes. Mai, août. La chenille en juillet et septembre sur toutes les plantes basses.

CHENOPODII, L. Partout. Mai, août. La chenille en juillet, septembre et octobre sur les *Chenopodium, Polygonum, Atriplex,* etc.

DENTINA, Esp. Mont-Dore, Puy-Guillaume. Juillet, août.

PROXIMA, H. Mont-Dore, sur les fleurs de gentianes. Juillet.

Cette espèce des Alpes paraît très-rare au Mont-Dore, et ne commence à se montrer qu'à une grande hauteur, tout à fait à l'extrémité supérieure de la zone des gentianes.

SAPONARIÆ, Esp. Durtol. Juillet, août.

ATRIPLICIS, L. Partout. Juin, août.

La chenille d'*Atriplicis* est le plus souvent extrêmement abondante, de juillet jusqu'en septembre, dans les basses-cours et au bord des ruisseaux sous les persicaires, et dans les jardins sous les bordures d'oseille; elle est très-facile à élever, rarement ichneumonée, et d'une croissance très-rapide. J'ai cru remarquer que le peu d'individus qui éclosent la même année, après quinze jours de métamorphose, sont en général d'une teinte verte plus gaie que ceux provenant de chrysalides qui ont passé l'hiver.

Satura, W. V. Puy-Guillaume. Août, septembre.

J'ai pris seulement deux fois, à la miellée, cette belle espèce, indiquée jusqu'à présent comme habitant exclusivement les Alpes.

Thalassina, Bork. Durtol, Royat. Juin.

Genistæ, Bork. Champs de genêts. Mai.

Quoique la chenille de *Genistæ* ne paraisse pas préférer le genêt à d'autres plantes, puisqu'on la rencontre même plutôt sur les *Rumex* ou autres plantes basses, je ne l'ai jamais prise que dans des champs de genêts ou aux environs. Y aurait-il une époque de sa vie où le genêt lui serait nécessaire? C'est une question que je ne suis pas en mesure de trancher, n'ayant jamais pris cette chenille que dans l'âge adulte, en septembre et octobre.

Contigua, F. Bois taillis, Randan, Royat, etc. Juin.

Convergens, F. Bois de chênes au-dessus de Puy-Guillaume. Octobre.

Cette espèce n'est pas rare dans quelques portions de taillis, mais elle a des localités très-circonscrites, dont elle ne s'écarte pas, et son époque d'apparition a une durée très-courte. Quand on peut rencontrer le moment convenable, il est facile de la récolter en nombre. Je n'ai jamais trouvé la chenille.

Protea, Esp. Bois, champs, prairies, sur les chênes. Septembre, octobre. La chenille en mai et juin sur le chêne.

Cette noctuelle, dans le Puy-de-Dôme comme ailleurs, varie beaucoup; mais je n'ai jamais rencontré d'individus absolument dépourvus de vert, comme le type qui paraît dominant dans la Lozère.

Roboris, Bdv. Puy-Guillaume, bois, champs, etc., sur les chênes. Octobre. La chenille en juin sur le chêne.

Cette espèce, si voisine de *Protea*, se rencontre parfois mêlée avec elle, quoique en général un peu plus tardive ; mais elle est toujours bien moins abondante : il est surtout très-rare de la prendre fraîche. Je l'ai obtenue une seule fois de chenille.

G. PHLOGOPHORA, Tr.

Lucipara, L. Environs de Clermont. Mai, juin.

Empyrea, H. Thiers, champs de genêts. Septembre.

Var. *Iodea*, Guénée. Puy-Guillaume. Septembre, octobre.

J'ai pris souvent, à la miellée, cette remarquable variété, mais toujours en mauvais état ; j'en ai obtenu d'éclosion un seul exemplaire, dans une caisse où j'avais élevé ensemble, et pêle-mêle, un certain nombre de chenilles génistivores. Quant à *Empyrea*, au contraire, je l'ai eue plusieurs fois d'éclosion, et ne l'ai jamais prise à la miellée. Certaines années la chenille n'est pas très-rare, en mai, sur les genêts. Je n'ai jamais vu le papillon qu'en septembre, quoique les auteurs indiquent seulement juin pour l'époque de son apparition. Le type est très-beau et très-grand dans le Puy-de-Dôme.

Scita, H. Mont-Dore. Juillet.

J'ai vu un seul individu en débris de cette rare espèce, pris en ma présence par M. Bellier de la Chavignerie, dans les bois de la Chanaux ; il partit des branches basses d'un vieux sapin.

METICULOSA, L. Partout, toute l'année. La chenille pendant toute la belle saison, sous les orties, pissenlits, *Rumex* et autres plantes basses.

G. **APLECTA**, Guénée.

NEBULOSA, Tr. Bois, prairies sèches. Juin, juillet.

J'ai vu assez fréquemment, près de Puy-Guillaume, la chenille de cette espèce, encore jeune, venir en octobre sucer, le soir, le miel dont j'avais enduit des arbres pour la chasse aux noctuelles. Fin février et en mars on la trouve parvenue à toute sa taille sous les feuilles sèches et les débris ligneux qui s'accumulent le long des haies, dans les prairies sèches. Elle mange à peu près indistinctement toutes les plantes basses.

HERBIDA, H. Bois de Royat. Juillet.

G. **AGRIOPIS**, Bdv.

APRILINA, L. Partout, sur les chênes. Octobre. La chenille en mai et juin sur le chêne.

Cette jolie espèce se rencontre à peu près partout où il y a des chênes, mais n'est abondante nulle part. C'est le plus souvent par hasard qu'on aperçoit sa chenille, qui se tient pendant le jour dans les crevasses de l'écorce des vieux arbres, avec laquelle elle se confond pour la couleur.

G. **MISELIA**, Tr.

JASPIDEA, Dev. Thiers, haies de pruneliers. Avril.

La chenille de cette belle noctuelle, qui, avec *Oleagina*, constitue le genre *Valeria* de Germar et autres auteurs, n'est pas, en juillet, très-rare dans certaines portions de haies de pruneliers qui bordent le sentier montant de la Croix-du-Geai aux Champs. Elle est très-sujette à être ichneumonée, et de plus très-délicate. Sur une vingtaine d'individus que j'ai capturés et élevés avec les plus grandes précautions, je n'ai obtenu qu'un seul papillon.

OXYACANTHÆ, L. Partout, sur les haies. Septembre, octobre. La chenille en mai sur les *Prunus* et *Cratægus*.

Cette chenille varie beaucoup pour la couleur. J'ai pris souvent, sur des buissons très-chargés de lichens, des individus tout marbrés de vert ou de jaune, et se confondant parfaitement avec les lichens sur lesquels ils étaient appliqués. J'ai élevé séparément ces individus, et n'ai remarqué, dans les papillons qui en sont provenus, aucune différence avec le type ordinaire.

CULTA, F. Montpeyroux, près Puy-Guillaume. Juin.

J'ai pris une seule fois, à la miellée, dans une plantation de jeunes chênes, cette belle et rare espèce.

G. **DIANTHŒCIA**, Bdv.

ALBIMACULA, Bork. Royat, Durtol. Juin, juillet.

CONSPERSA, W. V. Thiers, dans les prairies. Juin.

COMTA, F. Partout, dans les jardins. Juin.

FILIGRAMA, Esp. Thiers, pentes de la Durole. Juin, juillet.

CAPSINCOLA, Esp. Partout. Juin, septembre.

CUCUBALI, W. V. Forêt de Randan. Juin.

G. **ILARUS**, Bdv.

OCHROLEUCA, W. V. Puy-Guillaume, coteaux secs.
Juillet.

J'ai vu plusieurs fois voler cette espèce à la plus grande
ardeur du soleil, sur les coteaux arides qui dominent la
plaine de Puy-Guillaume, dans les endroits où la végétation était la plus maigre. Elle vole rapidement et se
pose peu.

G. **POLIA**, Tr.

DYSODEA, W. V. Prairies, jardins. Juillet.

SERENA, F. Mêmes localités. Mai, juin.

CHI, L. Clermont, Thiers, etc., dans les champs
de genêts. Août.

L'éclosion de cette espèce est, dans certaines années
froides, retardée jusqu'en octobre. Les œufs passent l'hiver, et les jeunes chenilles ne naissent qu'en avril. Leur
croissance est assez lente dans les trois premières semaines, après lesquelles elles arrivent très-rapidement
à leur taille. Elles vivent sur beaucoup de plantes, mais
paraissent préférer le genêt.

CANESCENS, Bdv. Plaine de Puy-Guillaume. Septembre.

Cette *Polia* est très-rare; je ne l'ai jamais prise que
sur les jeunes peupliers, au tronc desquels elle s'appli-
que pendant le jour.

PLATINEA, Tr. Thiers, pentes de la Durole. Juillet.

J'ai pris une seule fois cette rare espèce plaquée contre
un rocher, sur le bord de la Durole, au-dessous du village de Boulay.

NIGROCINCTA , Ochs. Thiers , dans les champs de genêts. Septembre. La chenille en mai sur le genêt.

FLAVICINCTA, F. Champs de genêts, bord des rivières, vignes, etc. Août, septembre. La chenille en mai sur les genêts et les osiers.

Var. *Meridionalis*, Bdv. Lieux élevés , la Baraque, etc.

G. POLYPHÆNIS , Bdv.

PROSPICUA, Bork. Puy-Guillaume. Juillet.

J'ai pris une seule fois sur un chêne un débris de cette espèce, qui m'a servi à constater sa présence dans notre département. Elle est commune dans certaines localités de la Lozère, où on la voit le soir butiner sur les touffes de chèvrefeuilles.

G. THYATHYRA , Ochs.

BATIS , L. Puy-Guillaume, la Verchère , près Escoutoux. Juin, août.

J'ai rencontré une fois cette noctuelle à la Verchère, à la fin d'août; aurait-elle deux apparitions par an, ou l'individu en question provenait-il d'une chrysalide très-en retard? Cette espèce est trop rare en Auvergne pour que je puisse espérer d'éclaircir ce point.

XXXII. TRIBUS LEUCANIDES.

G. LEUCANIA , Ochs.

CONIGERA , F. Mont-Dore , sur les gentianes. Juillet.

7

ALBIPUNCTA, F. Partout. Juin, juillet. La chenille en février sous les graminées.

LITHARGYRIA, Esp. Partout. Juillet. La chenille en février et mars sous les graminées.

Var. *Anargyria*, Bdv. Bois de Durtol. Juillet.

VITELLINA, H. Bois de Durtol, Puy-Guillaume, etc. Août.

COMMA, L. Mont-Dore, sur les gentianes. Juillet.

L. ALBUM, L. Partout. Juin, septembre.

IMPURA, H. Durtol. Juillet, août.

PALLENS, L. Durtol. Juillet.

Je suis convaincu que ces espèces de *Leucania* ne font pas la moitié de celles qui se trouvent dans le Puy-de-Dôme. Les bords de l'Allier et de nos autres rivières doivent en nourrir un grand nombre; mais ces noctuelles sont d'une recherche très-difficile; leur rencontre est le plus souvent due au hasard, et les huit espèces ci-dessus sont les seules que j'aie encore signalées.

XXXII. TRIBUS CARADRINIDES.

G. **CARADRINA**, Ochs.

TRILINEA, W. V. Durtol. Juillet.

PLANTAGINIS, H. Thiers, pentes de la Durole. Juillet.

La chenille de cette espèce n'est pas très-rare, en mai, dans les parties sèches de la gorge qui descend sur la rive gauche de la Durole, en aval des Planches. Je l'ai toujours prise sous les touffes d'orties qui croissent au pied des rochers.

BLANDA, H. Thiers, champs de genêts. Août.

TARAXACI, H. Thiers, bord des chemins. Août.

ALSINES, Bork. Durtol. Juillet.

Var. *Flavirena*, Bdv. (*Kadenii*). Durtol. Août.

Cette variété, ainsi que l'espèce précédente, ne sont pas rares à Durtol, où on les prend à la lanterne, sur les fleurs de bruyère. J'ai pris dans la Lozère, aux environs de Florac, *Kadenii* type.

CUBICULARIS, W. V. Villes, villages, dans les maisons. Juillet.

Cette espèce est, sans aucune comparaison, la plus commune des *Caradrina*: elle vole souvent en grand nombre autour des lumières, et le soir, au crépuscule, auprès des maisons, tout le long des murs.

Ce que j'ai dit précédemment du genre *Leucania* peut se répéter des *Caradrina*. Il me paraît incontestable que les espèces que je mentionne ne font que la plus petite partie de celles du département.

XXXIII. TRIBUS ORTHOSIDES.

G. **ORTHOSIA**, Ochs.

GOTHICA, L. Bois, prairies, jardins. Mai, octobre. La chenille en juillet et octobre, sur les *Rumex*, les genêts, les lilas.

LITURA, L. Randan, Thiers, Puy-Guillaume, etc., dans les champs de genêts. Août, septembre. La chenille en mai sur le genêt.

Je n'ai pris encore cette chenille que sur le genêt, mais je suis certain qu'elle vit souvent sur d'autres plantes, ayant pris fréquemment l'insecte parfait dans des localités éloignées de tout genêt.

HEBRAICA, H. Puy-Guillaume, coteaux secs. Septembre.

NEGLECTA, H. Durtol, Thiers, etc., dans les champs de genêts. Août. La chenille en mai sur le genêt.

COECIMACULA, F. Thiers, dans les champs de genêts. Septembre. La chenille en mai sur le genêt.

Les chenilles de ces deux *Orthosia* ont la plus grande ressemblance, et ne peuvent guère se distinguer que par la grosseur. Toutes deux sont d'une éducation assez difficile, et ne réussissent pas souvent. *Cœcimacula* est bien plus rare que *Neglecta*.

PISTACINA, F. Partout. Septembre.

Pistacina est une des noctuelles qui varient le plus, tant pour la taille que pour la couleur. J'ai obtenu plusieurs fois d'éclosion un type très-grand, où la teinte rougeâtre avait complètement disparu, et qui se rapprochait du facies d'*Instabilis*. D'autres individus rappellent singulièrement *Macilenta*.

MACILENTA, Tr. Puy-Guillaume. Septembre.

J'ai pris plusieurs fois cette *Orthosia* dans les bois de hêtres, et aussi à la miellée, dans des localités distantes de ces arbres de plus d'un kilomètre, mais ayant dans le voisinage diverses espèces de saules ou de peupliers, ce qui me porte à supposer que la chenille ne vit pas exclusivement dans les chatons du hêtre, comme on l'a cru jusqu'à présent.

INSTABILIS, F. Bois de chênes, haies d'aubépine.

Mars. La chenille en juillet et août sur le chêne et les buissons.

Var. *Contracta*, Esp. Mêmes localités.

Cette espèce est très-sujette à varier, et son nom a été parfaitement choisi par Fabricius. Il serait difficile de trouver deux individus exactement semblables.

YPSILON, W. V. Aigueperse. Juillet, août.

Ypsilon se prend abondamment à Aigueperse, à la miellée, sur les peupliers. J'ai pris une seule fois la chenille, en mai, sur le tronc d'un jeune peuplier d'Italie, au bord de la route de Thiers à Puy-Guillaume, et l'ai parfaitement élevée avec la feuille de cet arbre.

LOTA, L. Royat, Thiers, Puy-Guillaume. Septembre.

Cette espèce, nommée par beaucoup d'amateurs *Munda,* par suite d'une confusion de plusieurs auteurs, n'est pas rare aux environs de Puy-Guillaume. Je n'ai jamais pris la véritable *Munda,* Fab. (*Lota,* Dup. olim), qui paraît en mai et ne ressemble en rien à *Lota,* L.

STABILIS, H. Bois de chênes. Mars, avril. La chenille en juin sur le chêne.

MINIOSA , F. Forêt de Randan , sur les chênes. Avril.

AMBIGUA , H. Forêt de Randan , sur les chênes. Mars. La chenille en juin et juillet sur le chêne.

SUBJECTA, Dup. Puy-Guillaume, plaine de Genestoux. Septembre.

Je n'ai pris que deux fois cette nouvelle et rare espèce, l'une en battant un jeune chêne, l'autre à la miellée sur un peuplier.

G. TRACHEA, Ochs.

PINIPERDA, Esp. Bois de pins à Vollore, Paslières, etc. Mai.

G. COSMIA, Ochs.

DIFFINIS, L. Haies, bois. Juillet.

AFFINIS, L. Forêt de Randan. Juillet.

PYRALINA, W. V. Environs de Thiers, sur les haies d'aubépine. Juillet.

J'ai pris deux fois la chenille de *Pyralina*, en battant au parapluie, en mai, une haie près du domaine des Champs.

TRAPEZINA, L. Partout, sur les haies. Juillet. La chenille en mai sur l'aubépine.

G. MESOGONA, Bdv.

ACETOSELLÆ, L. Puy-Guillaume, bois de chênes. Septembre.

J'ai trouvé une seule fois un individu de cette espèce mort et déjà desséché dans le bois de Montpeyroux.

G. XANTHIA, Ochs.

RUBECULA, Esp. Mont-Dore, prairies hautes. Juillet, août.

Cette espèce, découverte d'abord en Italie, et qui plus tard n'avait été signalée, dans la France centrale, qu'aux environs de Lyon, est très-commune, à la fin de juillet et au commencement d'août, sur les hauteurs de Chaudefour, au-dessus des bois. Elle vole quelquefois à l'ardeur du soleil, mais le plus souvent on la trouve engourdie sur les fleurs de gentianes. Elle habite toujours dans des localités voisines de celles où croissent les petits *Salix repens*, *phyllicifolia* et *lapponum*, dont les chatons servent probablement de nourriture à sa chenille.

FERRUGINEA, H. Bois de chênes. Septembre.

RUFINA, L. Puy-Guillaume, Paslières, etc., dans les bois de chênes. Septembre.

AURAGO, F. Châteldon, Puy-Guillaume, etc., bois de hêtres. Septembre, octobre.

Aurago est très-commune dans le bois Mariol et dans les autres bois de hêtres qui dominent Châteldon. Vers la fin de septembre, on la voit voler en grand nombre autour de la cime des arbres, un peu avant le coucher du soleil. Elle varie beaucoup. Dans certains individus, les bandes transversales ne sont indiquées que par de très-légères lignes plus obscures que le fond.

SILAGO, H. Puy-Guillaume. Octobre.

Cette *Xanthia* est rare ; je ne l'ai prise que deux fois, à la miellée, sur le peuplier de Virginie.

CERAGO, W. V. Durtol, Thiers. Septembre, octobre.

GILVAGO, F. Partout. Septembre, octobre.

J'ai rencontré quelques individus d'une teinte plus pâle que le type ordinaire, mais qui cependant ne m'ont jamais paru assez tranchés pour constituer la véritable variété *Palleago*.

CITRAGO, L. Montpeyroux, près Puy-Guillaume. Septembre.

J'ai pris une seule fois cette espèce sur les bords de la Credogne, en battant de jeunes peupliers.

G. **HOPORINA**, Bdv.

CROCEAGO, F. Bois de chênes, Thiers, Châteldon, etc. Septembre, octobre. La chenille en mai et
juin sur le chêne.

G. **DASYCAMPA**, Guénée.

RUBIGINEA, W. V. Puy-Guillaume, la Roche,
près Thiers. Septembre.

J'ai pris plusieurs fois cette espèce à la miellée, près
de Puy-Guillaume, et une seule fois la chenille, à la
Roche, en mai. Cette chenille ressemble singulièrement
à celles des *Bombycites;* elle est polyphage, mais paraît
préférer les cichoracées.

G. **CERASTIS**, Ochs.

VACCINII, L. Partout. Septembre, octobre.
Var. *Polita*, H. Aussi commune que le type.

SPADICEA, H. Haies, buissons. Septembre, octobre.
Var. *Ligula*, Esp. Çà et là, avec le type.

Je considère ces deux espèces, *Vaccinii* et *Spadicea*,
comme très-distinctes, quoiqu'elles soient réunies par
la plupart des auteurs. Je les ai élevées toutes deux en
grand nombre de chenilles prises en mai et juin, les
unes sur le saule marceau, les autres sur les rosacées ar-
borescentes. Les premières m'ont invariablement donné
Vaccinii et les secondes *Spadicea*. En outre des variétés
Polita et *Ligula*, j'ai obtenu plusieurs fois, dans l'une
et dans l'autre espèce, des aberrations accidentelles très-
différentes entre elles, et dont quelques-unes fort remarquables.

ERYTHROCEPHALA, W. V. Haies des environs de Thiers. Septembre, octobre. La chenille en mai et juin sur les *Cratœgus* et *Prunus*.

Var. *Glabra*, W. V. Mêmes localités.

Erythrocephala varie un peu pour la taille, comme aussi pour les petites taches noires des ailes supérieures, qui quelquefois sont très-apparentes et d'autres fois disparaissent tout à fait. La variété *Glabra* me paraît tellement différente du type, tant pour la couleur que pour le facies général, que je serais porté à croire qu'elle est une espèce distincte. Elles sont rares toutes les deux, et je n'ai pas eu occasion de faire sur les chenilles des expériences comparatives.

SILENE, W. V. Partout, sur les haies de groseilliers. Août, septembre.

La chenille de *Silene* est extrêmement commune en mai sur les haies de groseillier épineux ; elle se trouve aussi, mais moins abondamment, sur l'aubépine et les diverses espèces de pruniers. L'insecte parfait varie assez. Quelques individus très-grands, et ayant les taches noires très-développées, se rapprochent beaucoup de certaines variétés de l'espèce précédente.

SATELLITIA, L. Puy-Guillaume, sur les haies. Septembre, octobre. La chenille en mai sur l'aubépine.

XXXIV. TRIBUS XYLINIDES.

G. XYLINA, Tr.

EXOLETA, L. Thiers, Puy-Guillaume. Septembre.

J'ai pris plusieurs fois, en juin, la chenille de cette belle espèce sur le genêt et aussi sur les *Rumex* et les pavots. En 1853, je l'ai trouvée sur le pêcher. Elle est difficile à élever, et réussit rarement.

Conformis, F. Puy-Guillaume, plaine de Genestoux, sur les chênes et les peupliers, taillis du bois de Montpeyroux, etc. Septembre.

Rhizolitha, F. Bois de chênes. Mars, septembre. La chenille en juin et juillet sur le chêne.

Petrificata, F. Bords de la Credogne, au-dessus de Puy-Guillaume. Septembre.

J'ai pris une seule fois cette *Xylina* sur un jeune peuplier.

Oculata, Germ. Montpeyroux, près Puy-Guillaume. Septembre.

J'ai pris aussi une seule fois *Oculata* à la miellée sur un chêne. Ces deux *Xylina*, longtemps confondues, sont très-distinctes. *Oculata* a toujours les ailes supérieures plus étroites et d'une teinte plus rembrunie.

G. XYLOCAMPA, Guénée.

Lithorhiza, Bork. Environs de Puy-Guillaume. Mars.

J'ai pris plusieurs fois, en juin et juillet, la chenille sur les chèvrefeuilles, mais je n'ai jamais pu parvenir à l'élever en captivité. Peut-être réussirait-elle à l'air libre. Je n'ai jamais trouvé l'insecte parfait.

G. CLOANTHA, Bdv.

Hyperici, F. Bords de la Credogne, au-dessus de Puy-Guillaume. Juin.

J'ai pris un seul exemplaire de cette espèce sur un aulne.

RADIOSA, Tr. Prairies de la plaine de Puy-Guillaume. Mai, juin.

Cette *Cloantha*, qui n'avait encore été signalée en France que dans la Franche-Comté, est rare. Elle vole en plein midi sur les fleurs des scabieuses et des centaurées.

G. CLEOPHANA, Bdv.

ANTIRRHINI, H. Bois de Royat. Juin.

LINARIÆ, F. Coteaux secs. Mai, septembre.

La chenille n'est pas rare, en juillet et octobre, partout où croissent les linaires. L'insecte parfait aime à se reposer sur les têtes des chardons et sur les *Phyteuma*.

G. CHARICLEA, Kirby.

DELPHINII, L. Parcs, jardins. Mai, juin.

La chenille est quelquefois commune, en juillet et août, dans les jardins, sur le *Delphinium ajacis*. Elle est difficile à élever, à cause de sa grande voracité. Si on en met plusieurs ensemble, elles se dévorent entre elles, et les retardataires mangent même les chrysalides de celles de leurs devancières qui ont échappé.

G. CUCULLIA, Ochs.

TANACETI, F. Environs de Clermont. Juin, septembre.

UMBRATICA, L. Partout. Mai, juillet.

LACTUCÆ, Esp. Bois, prairies, jardins. Juin,

juillet. La chenille en août et septembre sur les laitues et les pissenlits.

LUCIFUGA , Esp. Mont-Dore , fond de la vallée de Chaudefour. Juin.

La chenille m'a paru assez commune, en août, sur diverses plantes, notamment sur les plantains et les gentianes. Je n'ai pu réussir à en élever une seule. Elle est très-différente de celle de *Lactucæ*, tandis que les deux papillons sont presque impossibles à distinguer.

ASTERIS , F. Mont-Dore , sur les *Solidago ;* Puy-Guillaume , dans les jardins , sur les *Asters* et les *Callistephus.* Mai , août.

Cette *Cucullia* est rare dans le Puy-de-Dôme; la chenille paraît , comme celles de bien d'autres espèces du même genre, préférer les fleurs aux feuilles.

THAPSIPHAGA, Tr. Villars. Mai.

BLATTARIÆ, Esp. Bords de l'Allier. Mai. La chenille en juillet sur les *Scrophularia.*

Var. *Caninæ*, Ramb. Mêmes localités.

LYCHNITIS , Ramb. Thiers , coteaux arides des bords de la Durole. Juin. La chenille en août sur les *Verbascum lychnitis* et *nigrum.*

SCROPHULARIÆ , Ramb. Fourrés du bord des rivières. Mai. La chenille en juillet sur les *Scrophularia.*

VERBASCI , L. Partout. Mai. La chenille en juin et juillet sur les *Verbascum thapsus* et *lychnitis.*

XXXVI. Tribus PLUSIDES.

G. **ABROSTOLA**, Ochs.

Urticæ, H. Forêt de Randan, environs de Thiers, etc., au bord des chemins. Juin, août. La chenille en juillet et septembre sur les orties.

Triplasia, L. Partout. Juin, août. La chenille en juillet et septembre sur les orties et les houblons.

G. **PLUSIA**, Ochs.

Festucæ, L. Prairies chaudes des bords de l'Allier. Juin, août.

Chrysitis, L. Bord des rivières et des ruisseaux, berges des chemins. Juin, août. La chenille en mai et juillet sur les orties, les *Lamium*, les *Arctium*, etc.

Cette espèce est assez rare dans le Puy-de-Dôme, et le type y paraît très-constant. Dans l'Allier, aux environs de Vichy, elle est extrêmement commune et présente quelques variétés très-remarquables.

Circumflexa, L. Thiers, pentes de la Durole. Juillet.

J'ai pris plusieurs fois cette *Plusia* dans les portions les plus chaudes et les plus sèches des pentes abruptes qui dominent le cours de la Durole. Je n'ai jamais pris la chenille. Dans l'Allier, elle n'est pas rare ; on la prend sur le persil dans les jardins de Vichy et de Cusset.

Iota, L. Bois de Royat. Juin.

Var. *Percontationis*, Ochs. Mont-Dore, vallée des Bains, Chaudefour. Juillet.

GAMMA, L. Partout, toute l'année. La chenille pendant toute la belle saison sur les orties, les *Senecio*, les *Rumex*, etc.

Il doit bien certainement exister au Mont-Dore plusieurs des nombreuses espèces de *Plusia* qui se trouvent dans les Alpes suisses; mais il faudrait, pour les découvrir, pouvoir chasser leurs chenilles aux mois d'avril et de mai, ce qui est à peu près impossible, à moins d'habiter dans les montagnes mêmes, pour saisir à la volée les beaux jours, qui y sont si rares dans cette saison.

XXXVII. Tribus HELIOTHIDES.

G. ANARTA, Ochs.

MYRTILLI, L. Bois secs, coteaux élevés, Royat, Randan, Châteldon, etc., sur les bruyères. Mai, août. La chenille en juillet et octobre sur la *Calluna vulgaris*.

ARBUTI, F. Coteaux arides. Mai.

G. HELIOTHIS, Ochs.

ONONIS, F. Champs de la Limagne. Mai.

DIPSACEA, L. Prairies sèches de la plaine de Puy-Guillaume. Mai, juin.

Dipsacea est assez commune, surtout aux environs de Genestoux. Elle vole en plein midi. Son vol est rapide, mais peu soutenu.

PELTIGERA, W. V. Thiers, pentes de la Durole. Juin, août.

La chenille n'est pas rare, en juillet, dans les pentes de la rive droite, au-dessous de la route de Lyon, sur le

Senecio viscosus ; elle est facile à recueillir en battant les touffes et en cherchant ensuite au-dessous sur le sol. En captivité, ces chenilles se dévorent entre elles. Leur croissance est rapide, et celles qui échappent à la voracité de leurs compagnes réussissent assez bien.

ARMIGERA, H. Bois de Durtol. Juillet, août.

MARGINATA, F. Plaines de la Limagne. Juin.

XXXVIII. TRIBUS ACONTIDES.

G. ACONTIA, Ochs.

SOLARIS, W. V. Coteaux calcaires, plaines d'alluvion, environs de Clermont, Puy-Guillaume, etc. Mai, août.

LUCTUOSA, W. V. Environs de Clermont, puy de Crouel, etc. Juillet, août.

XXXIX. TRIBUS CATOCALIDES.

G. CATEPHIA, Ochs.

ALCHYMISTA, F. Thiers, Puy-Guillaume, Paslières, etc., sur les chênes. Mai, juin.

La chenille n'est pas très-rare certaines années sur les chênes, en juillet et août; elle est délicate et réussit difficilement. J'ai pris une seule fois l'insecte parfait sur le tronc d'un chêne, près du hameau de Pissebœuf. Le type du Puy-de-Dôme est petit, mais bien caractérisé.

G. CATOCALA, Ochs.

FRAXINI, L. Aigueperse, Puy-Guillaume. Août, septembre, octobre.

— 112 —

Cette espèce est assez commune aux environs de Puy-Guillaume ; sur les peupliers d'Italie et de Virginie. Je prends tous les ans, à la miellée, un certain nombre de ♀, jamais de ♂ ; ces ♀ pondent ordinairement une grande quantité d'œufs. J'en ai élevé plusieurs fois de nombreuses pontes avec un succès satisfaisant. En captivité, cette chenille paraît préférer le tremble aux autres peupliers. Sa croissance est lente dans le premier âge, mais rapide après la troisième mue. Le papillon éclôt après cinq à six semaines de chrysalide, toujours de huit à dix heures du soir, et ne se met à voler que le lendemain matin. Le type varie un peu ; le dessin des ailes supérieures est tantôt très-confus, tantôt très-tranché, surtout les lignes noires en zig-zag qui les traversent vers le milieu. J'ai remarqué aussi des différences très-notables dans la taille, et j'ai vu des individus ne dépassant pas celle de *Promissa*.

ELOCATA, Esp. Partout, sur les saules et peupliers. Août, septembre. La chenille en mai, juin et juillet sur les peupliers et le *Salix alba*.

NUPTA, L. Mêmes localités. Juillet, août. La chenille en mai et juin sur les peupliers et les diverses espèces de saules.

Ces deux espèces sont très-abondantes, surtout *Nupta*. Notre type d'*Elocata* est moins beau et moins grand que celui du midi de la France.

PROMISSA, F. Forêt de Randan. Juin, juillet.

ELECTA, Bork. Bords de la Dore. Juillet, août.

J'ai pris, en mai, la chenille de cette *Catocala* aux environs de Néronde et près de Dorat, dans des portions de grèves garnies de *Salix viminalis* et *vitellina* ; elle m'a paru très-délicate, et je n'ai jamais pu la faire arriver à sa dernière transformation. Je suis convaincu que la *Catocala optata* doit exister sur quelque point de la vallée de l'Allier ou de celle de la Dore, mais je ne l'ai pas encore trouvée. Sa chenille est d'une recherche difficile, ayant l'habitude de se tenir tout le jour cachée sous les pierres ou les détritus.

PARANYMPHA, L. Thiers, Paslières, Puy-Guillaume. Juillet.

La chenille n'est pas très-rare certaines années, en mai, sur les haies de pruneliers non retaillés; elle varie un peu. Le type le plus ordinaire est entièrement noir; mais on rencontre quelques individus ayant sur les côtés de larges éclaircies d'un blanc grisâtre. Cette chenille s'élève bien en plein air, mais les chrysalides éclosent très-difficilement. Il arrive le plus souvent que le papillon se dessèche sans pouvoir sortir.

G. OPHIUSA, Ochs.

LUNARIS, F. Durtol, environs de Thiers, etc. Mai, juin.

La chenille est commune aux environs de Thiers, en juillet et août, sur les chênes; mais elle est d'une grande difficulté à élever. Je n'ai obtenu qu'une seule fois le papillon.

On m'a assuré positivement que l'*Ophiusa tirrhœa* avait été prise aux environs de Clermont, près de Chamalières. Comme ce fait me paraît très-extraordinaire, et que je n'ai pas vu l'exemplaire, je suppose qu'il y a eu erreur de détermination, et je ne fais pas figurer ici cette espèce.

CRACCÆ, F. Environs de Clermont. Juillet.

XL. Tribus NOCTUOPHALÆNIDES.

G. EUCLIDIA, Ochs.

Mi, L. Coteaux, prairies sèches. Juin.

Glyphica, L. Partout, dans les prairies. Mai, août.

G. ANTHOPHILA, Bdv.

Ænea, W. V. Coteaux secs, Royat, environs de Thiers, dans les pentes de la Durole, etc. Juillet.

Cette espèce est, dans le Puy-de-Dôme, le seul représentant du genre.

G. AGROPHILA, Bdv.

Sulphurea, H. Environs de Thiers, Escoutoux, Randan, etc., dans les prairies sèches, trèfles, luzernes, etc. Mai, août.

G. ERASTRIA, Bdv.

Atratula, Bork. Forêt de Randan. Mai, juin.

G. STILBIA, Steph.

Stagnicola, Tr. Durtol, Thiers, pentes de la Durole. Septembre.

Cette noctuelle a un facies si différent de toutes les autres, qu'il y a lieu de s'étonner qu'elle leur ait été réunie; elle a été longtemps unique dans le genre. Une nouvelle espèce, la *Stilbia philopalis*, vient d'être découverte en Provence. *Stagnicola* n'est pas très-rare à Dur-

tol ; on la prend sur la bruyère, en chassant à la lanterne ; mais elle est ordinairement passée. Je l'ai prise
une seule fois aux environs de Thiers, et n'ai pas pu
trouver sa chenille.

GEOMETRÆ.

G. **CLEOGENE**, Dup.

TINCTARIA, H. Mont-Dore. Juillet.

Tinctaria est très-commune sur tous les plateaux et
dans les prairies élevées du Mont-Dore. Le ♂ vole toute
la journée. La ♀, beaucoup moins abondante que le ♂,
se tient ordinairement cachée dans les herbes, d'où on
ne la fait partir qu'en battant les touffes.

G. **PHORODESMA**, Bdv.

BAJULARIA, Esp. Bois de chênes, Randan, Puy-
Guillaume, etc. Juin.

G. **HEMITHEA**, Dup.

CYTHISARIA, W. V. Champs de genêts. Juin,
juillet. La chenille en mai sur le genêt.

Cette espèce varie assez pour la teinte, qui passe du
vert à un bleuâtre glauque. Dans la plupart des individus, le dessin blanc est nettement accusé ; mais chez
d'autres, il est très-confus.

VERNARIA, W. V. Bois de Bussières. Mai.

PUTATARIA, L. Environs de Thiers. Juin.

ÆSTIVARIA, Esp. Partout, sur les haies. Juin. La

chenille en avril et mai sur l'aubépine et le prunelier.

Cette chenille varie beaucoup pour la couleur, depuis le vert un peu marbré de gris jusqu'au brun rougeâtre ; elle est très-abondante sur toutes les haies.

Buplevraria, W. V. Environs de Thiers, Pas-lières, etc., sur les haies, dans les endroits frais. Juillet.

G. METROCAMPA, Lat.

Fasciaria, L. Mont-Dore. Juillet.

Var. *Prasinaria*, H. Mêmes localités.

Cette variété est, dans les bois de sapins du Mont-Dore, bien moins commune que le type ; elle n'est jamais bien tranchée, et a toujours, plus ou moins, une légère teinte rougeâtre.

Margaritaria, L. Bois, fourrés du bord des rivières. Avril, juillet. La chenille en juin et septembre sur le chêne et l'aulne.

Margaritaria varie beaucoup pour la taille ; quelques individus ne dépassent pas celle de *Fasciaria*, tandis que d'autres atteignent celle des plus grandes *Honoraria*.

Honoraria, W. V. Bois de chênes au-dessus de Châteldon. Avril, mai. La chenille en octobre sur le chêne.

Il y a des années où cette chenille n'est pas rare dans les taillis du bois Mariol et autres bois voisins ; elle s'élève assez bien à l'air libre, mais je n'ai jamais pu la faire réussir en captivité. L'insecte parfait varie pour la taille et pour la teinte.

G. **URAPTERYX**, Kirby.

SAMBUCARIA, L. Bois, haies, jardins, sur les sureaux, pruneliers et chèvrefeuilles. Juin, juillet.

J'ai pris plusieurs fois, aux environs de Thiers, la chenille sur le prunelier ; cependant elle paraît préférer le sureau et surtout le chèvrefeuille. Elle est facile à élever et réussit très-bien. Elle naît en août, passe l'hiver très-petite et chrysalide en mai et juin.

G. **RUMIA**, Dup.

CRATÆGARIA, H. Partout, sur les haies. Mai, juillet.

La chenille de *Cratægaria* est sujette, comme celle de *Miselia oxyacanthæ*, quand elle vit sur des buissons couverts de lichens, à prendre la couleur de ces plantes, de manière à se confondre tout à fait avec elles à première vue.

G. **ENNOMOS**, Dup.

SYRINGARIA, L. Clermont, Thiers, etc., dans les jardins. Mai, juillet.

Je n'ai rencontré que deux fois la chenille, en juin, sur des lilas, et je n'ai pas pu réussir à l'élever.

DOLABRARIA, L. Bois de chênes, Randan, etc. Mai, juillet. La chenille en juin sur le chêne.

DELUNARIA, H. Bois de chênes, haies d'aubépine, Randan, Thiers, etc. Juin, juillet.

ILLUNARIA, W. V. Environs de Thiers, sur les haies. Juin, septembre. La chenille en juillet sur l'aubépine.

Illustraria, H. Bois d'Allagnat. Mai, septembre.

Angularia, W. V. Forêt de Randan. Juillet.

Erosaria, W. V. Partout. Juin, juillet. La chenille en août et septembre sur le chêne.

Tiliaria, H. Plaine de Puy-Guillaume. Septembre.

Je n'ai pris que deux fois cette *Ennomos*, dans la plaine au-dessus de Puy-Guillaume, en battant de jeunes peupliers près de Saint-Alyre.

Alniaria, L. Aulnaies du bord des rivières, bords de la Credogne à Puy-Guillaume, etc. Août, septembre.

Prunaria, L. Bois de Royat, haies des environs de Thiers, bois de Saint-Victor, etc. Juin, juillet. La chenille en mai sur les pruniers, poiriers, cerisiers et noisetiers.

Var. *Corylaria*, Esp. Mêmes localités.

Cette variété est beaucoup plus rare que le type ; je ne l'ai prise que deux fois, l'une dans le bois de Royat, l'autre dans les bois de Pigerolles, au-dessus de Thiers.

G. HIMERA, Dup.

Pennaria, L. Bois de chênes, haies de pruneliers, Randan, environs de Thiers, etc. Octobre, novembre. La chenille en mai et juin sur les chênes et les pruniers.

G. CROCALLIS, Tr.

Elinguaria, L. Partout, sur les haies et dans les

champs de genêts. Août. La chenille en mai sur le genêt et l'aubépine.

Cette espèce est une des géomètres les plus abondantes dans notre département. Elle varie peu ; j'ai remarqué seulement quelques individus chez lesquels la bande transversale des ailes supérieures était un peu plus obscure que dans le type ordinaire.

G. **MACARIA**, Curtis.

NOTATARIA, Esp. Environs de Thiers, sur les haies. Mai, juillet.

ALTERNARIA , H. Bords de la Credogne à Puy-Guillaume. Mai, juillet.

G. **HALIA** , Dup.

WAVARIA , L. Partout, sur les haies de groseilliers. Juillet. La chenille en mai et juin sur le *Ribes uva-crispa*.

G. **ASPILATES** , Tr.

VIBICARIA, L. Champs de genêts. Mai, juillet. La chenille en juin sur le genêt.

Vibicaria varie beaucoup pour le nombre et la largeur des lignes roses qui traversent les ailes ; chez quelques rares individus, elles disparaissent complétement.

CALABRARIA, Esp. Coteaux secs des environs de Thiers. Mai, juillet.

PURPURARIA, L. Plaines hautes, champs de genêts en montagne, Lachaux, St-Rémy, etc. Juillet, août.

Dans cette *Aspilates*, comme dans *Vibicaria*, les bandes transverses pourpres varient beaucoup en nombre et en étendue. On rencontre des individus où elles manquent, et où tout le fond des ailes est d'un brun jaunâtre uniforme.

CITRARIA, H. Paslières, Saint-Victor, etc., dans les genêts. Mai, août.

GILVARIA, W. V. Champs de genêts, coteaux secs. Août.

G. LIGIA, Dup.

OPACARIA, H. Thiers, Puy-Guillaume, Durtol, etc. Septembre.

La chenille est quelquefois assez commune, en mai, dans les champs de genêts. L'insecte parfait est rare. On rencontre parfois des individus d'une teinte rembrunie, très-différents du type ordinaire.

G. NUMERIA, Dup.

CAPREOLARIA, F. Mont-Dore, dans les bois de sapins. Juillet, août.

Var. *Donzelaria*, Dup. Mont-Dore, vallée des Bains.

Capreolaria est très-commune dans tous les bois de sapins des environs du Mont-Dore. *Donzelaria*, cette prétendue espèce, n'est évidemment qu'une variété, comme l'ont constaté les observations de M. Bellier de la Chavignerie, communiquées à la Société entomologique de France. Elle est très-rare; je n'en ai vu que trois exemplaires bien tranchés sur des centaines de *Capreolaria*. J'ai rencontré quelques individus, tous ♀ aussi, faisant sensiblement le passage du type à la variété.

G. **FIDONIA**, Tr.

TÆNIOLARIA, H. Durtol, Thiers, Puy-Guillaume, etc. Août, septembre.

La chenille est souvent commune, en mai et juin, dans les champs de genêts, et s'élève facilement. Le papillon ne varie pas; sur de très-nombreuses éducations, je n'ai jamais remarqué de différence appréciable du type.

PLUMARIA, W. V. Durtol, forêt de Randan. Juillet.

PINIARIA, L. Bois de pins. Avril.

Cette *Fidonia*, quoique commune, est assez difficile à prendre en nombre; elle vole autour de la cime des pins les plus élevés, et descend très-rarement.

ATOMARIA, L. Partout. Avril, juillet.

G. **EUPISTERIA**, Bdv.

CONCORDARIA, H. Coteaux secs, Durtol, environs de Thiers, etc., sur les genêts. Mai, juillet.

QUINQUARIA, H. Mont-Dore. Août.

G. **SPERANZA**, Curt.

CONSPICUARIA, Esp. Champs de genêts. Mai, août. La chenille en juin, juillet et septembre sur le genêt.

Cette géomètre est très-abondante, surtout dans les montagnes; la bande marginale noire varie beaucoup en largeur.

G. **ANISOPTERYX**, Steph.

ÆSCULARIA, W. V. Forêt de Randan. Mars.

G. **HIBERNIA**, Lat.

ACERARIA, W. V. Forêt de Randan. Novembre.

RUPICAPRARIA, W. V. Haies des environs de Thiers. Novembre, février. La chenille en mai et juin sur l'aubépine et le prunelier.

AURANTIARIA, Esp. Bois de chênes, Randan, Châteldon, etc. Novembre.

PROGEMMARIA, H. Haies, bois. Novembre, février. La chenille en mai et juin sur l'aubépine.

DEFOLIARIA, L. Haies des environs de Thiers. Novembre, février. La chenille en mai sur l'aubépine et le prunelier.

Cette *Hibernia* varie pour l'intensité des teintes ; elle est souvent très-claire, et parfois, au contraire, extrêmement rembrunie. Dans quelques exemplaires, le dessin est tout à fait confondu avec le fond.

LEUCOPHÆARIA, W. V. Thiers, Randan, etc. février. La chenille en juin sur le chêne.

BAJARIA, H. Partout, sur les haies. Novembre. La chenille en mai sur l'aubépine, les *Prunus*, les poiriers, etc.

Cette espèce, sans aucune comparaison la plus commune du genre, varie un peu, tant pour la taille que pour la netteté du dessin : le plus souvent il est très-peu distinct ; mais dans quelques individus les traits sinueux se détachent en noir sur le fond, d'une manière très-remarquable.

PILOSARIA, W. V. Environs de Thiers, sur les haies. Janvier, février.

J'ai obtenu deux fois seulement d'éclosion la ♀ de cette *Hibernia* : je n'ai jamais vu le ♂ du Puy-de-Dôme.

G. AMPHIDASIS, Dup.

HIRTARIA, L. Environs de Thiers, sur les haies. Mars. La chenille en juin sur le chêne, les *Cratœgus, Pyrus*, etc.

BETULARIA, L. Forêts, haies, promenades. Mai, juin. La chenille en août et septembre sur le chêne, les *Cratœgus, Prunus*, tilleuls, etc.

Cette espèce n'est pas rare : elle varie beaucoup pour la taille, et aussi pour la dimension des lignes noires qui sont quelquefois réduites à des traits très-déliés, et d'autres fois se dilatent au point de former de véritables taches.

PRODROMARIA, F. Bois élevés, Randan, Royat, etc. Mars. La chenille en juillet et août sur le chêne.

G. BOARMIA, Tr.

REPANDARIA, W. V. Bois des montagnes, Mont-Dore, le Chambon, etc. Haies dans les plaines. Juillet. La chenille en mai sur le prunelier.

Repandaria m'a paru bien plus rare en plaine que dans les localités élevées : je l'ai prise une seule fois aux environs de Thiers ; elle est très-commune dans les bois de hêtres des environs du Chambon.

RHOMBOIDARIA, W. V. Partout. Juin, septembre. La chenille en mai et juillet sur les *Cratægus*, *Prunus*, *Sorbus*, etc.

Cette *Boarmia*, très-abondante partout, varie beaucoup, quoiqu'il paraisse assez difficile de décrire exactement les différences qui séparent les individus; lesquelles, examinées au fond, se réduisent ordinairement à un peu plus ou un peu moins de dilatation ou d'écartement dans les lignes transverses, mais suffisent cependant pour produire une grande variété de facies.

Cinctaria, W. V. Plaine de Puy-Guillaume. Mai, juillet.

Sociaria, H. Environs de Thiers sur les haies. Août.

Sociaria est extrêmement rare: je n'ai pris que deux fois la chenille sur le prunelier.

Lichenearia, W. V. Puy-Guillaume, Thiers, etc. sur les vieux arbres et les buissons couverts de lichens. Juillet. La chenille en mai sur les lichens.

La chenille varie beaucoup pour la couleur: elle prend constamment celle des lichens sur lesquels elle vit, depuis le blanc légèrement verdâtre, jusqu'au vert ou au jaune bien prononcé. L'insecte parfait m'a paru ne pas varier.

G. TEPHROSIA, Bdv.

Crepuscularia, W. V. Bois élevés, Randan, Châteldon, etc. Avril, juin.

Punctularia, H. Bois de bouleaux. Avril.

G. GNOPHOS, Bdv.

Furvaria, H. Thiers, pentes de la Durole. Juillet.

Cette belle espèce est assez commune sur les rochers de la rive gauche de la Durole, au-dessus de Saint-Roch ; mais il est rare de la prendre fraîche. J'ai pris plusieurs fois la chenille en mai, sur le genêt, mais n'ai jamais pu réussir à l'élever : elle se nourrit aussi de *Polygonum aviculare*.

PULLARIA, H. Mont-Dore, sur les murs en pierres sèches auprès des villages, le Chambon, Moneau, etc. Juillet.

OBSCURARIA, H. Mont-Dore, vallée de Chaudefour, Thiers, rochers des pentes de la Durole. Juillet.

GLAUCINARIA, H. Thiers, bords de la Durole. Juillet.

Cette *Gnophos* est extrêmement commune sur tous les rochers dans les mêmes localités que *Furvaria* : elle ne m'a pas paru varier. J'ai élevé sa chenille par familles nombreuses depuis août jusqu'en novembre. A cette époque elle paraissait au tiers de sa grosseur, tous mes efforts ont été infructueux pour lui faire passer l'hiver ; elle est polyphage, et s'accommole surtout très-bien des cichoracées et des légumineuses.

MUCIDARIA, H. Rochers, jardins près des habitations. Juillet.

Var. *Variegata*, Dup. Mêmes localités.

J'ai pris deux fois en juin la chenille de cette espèce, l'une sur le *Polygonum aviculare*, l'autre sur la *Gilia tricolor*, plante de parterre : elle est remarquable par un état continuel de balancement sur elle-même, bien plus prononcé encore chez elle que chez les autres chenilles du même genre.

G. **BOLETOBIA**, Bdv.

CARBONARIA, W. V. Thiers, dans les maisons. Juin.

J'ai rencontré une seule fois cette espèce plaquée aux vitres d'une fenêtre d'escalier, à un rez-de-chaussée assez obscur.

G. **EUBOLIA**, Bdv.

MURINARIA, W. V. Forêt de Randan. Juin.

ARTESIARIA, W. V. Bords de la Dore à Dorat, Puy-Guillaume, etc. Juin, juillet.

La chenille n'est pas rare en mai et juin sur les divers osiers qui couvrent les grèves de la Dore : elle ne m'a pas paru avoir de préférence pour une espèce déterminée, et se rencontre sur toutes indistinctement.

PALUMBARIA, W. V. Partout. Mai, août.

Palumbaria varie beaucoup : certains individus très-obscurs, et chez lesquels la bande transverse brune est éclairée de jaune, paraissent une espèce différente ; la connaissance et l'étude de la chenille seraient nécessaires pour éclaircir la question.

MENSURARIA, W. V. Partout. Juillet.

MÆNIARIA, W. V. Coteaux arides, Durtol, Thiers, etc. Juillet, août.

BIPUNCTARIA, W. V. Bois, prairies élevées, bruyères. Juillet.

Cette *Eubolia* se rencontre à peu près partout, mais n'est abondante nulle part. Elle paraît cependant moins rare au Mont-Dore qu'ailleurs.

SCABRARIA, Tr. Mont-Dore, dans les bois de sapins. Juillet.

MIARIA, W. V. Bois de chênes, Randan, Royat, Thiers, etc. Juin. La chenille en mai sur le chêne.

Ferrugaria, W. V. Bois, broussailles, Royat, Escoutoux, etc. Mai, juillet.

G. ANAITIS, Dup.

Plagiaria, Bdv. Partout. Toute l'année.

Notre type de *Plagiaria* est très-petit. Il n'atteint guère que les deux tiers de la dimension de l'espèce suivante; dans d'autres départements du centre, notamment dans l'Allier, il l'égale souvent.

Præformaria, Bdv. Mont-Dore, dans les bois et les prairies. Juillet.

G. LARENTIA, Bdv.

Dubitaria, Bdv. Mont-Dore, dans les bois de sapins. Juillet.

Cette belle géomètre n'est pas très-rare dans les cavités des tertres qui bordent le chemin du Capucin : elle se tient dans les portions les plus obscures, d'où elle ne sort que quand on fouille ces retraites avec une baguette. Je l'ai prise une fois à Puy-Guillaume à la miellée. D'après les auteurs, elle aime à se cacher dans les caves.

Certaria, Bdv. Mont-Dore, bois de la Chanaux. Juillet.

J'ai pris cette géomètre une seule fois dans les mêmes conditions que la précédente.

Bilinearia, Bdv. Partout. Juin, juillet.

Bilinearia est une des géomètres les plus communes : elle varie un peu, et dans quelques individus plusieurs des traits transversaux du milieu des ailes se réunissent de manière à former une bande.

COLLARIA, Bdv. Haies des environs de Thiers. Avril.

Cette espèce est très-rare : je l'ai obtenue d'éclosion une seule fois.

PETRARIA , Esp. Puy-Guillaume, prés secs. Juin.

MOLLUGINARIA , Bdv. Mont-Dore, prairies élevées de Chaudefour. Juillet.

CÆSIARIA, Bdv. Mont-Dore, vallée de Cacadogne. juillet.

Var. *Flavicinctata*, H. Mêmes localités.

Cette *Larentia* et sa variété ne sont pas rares dans le fond de la vallée de Cacadogne : elles aiment à s'appliquer sur les pierres roulées, dispersées çà et là tout le long du ruisseau.

PSITTACARIA, Bdv. Bois, taillis de chênes, Royat, Châteldon, Randan , etc. Mai, septembre. La chenille en juillet et octobre sur le chêne.

CORACIARIA, Bdv. Mont-Dore, dans les bois. Août.

DILUTARIA , Bdv. Haies des environs de Thiers , Randan, etc. Octobre.

AUTUMNARIA , Bdv. Bois Mariol près Châteldon. Octobre.

Dilutaria varie beaucoup : j'ai obtenu de chenilles prises aux environs de Thiers des individus se rapprochant singulièrement d'*Autumnaria*; et quoique je n'aie pris celle-ci bien tranchée que dans le bois Mariol, je suis très-porté à supposer qu'elle est une variété locale, à laquelle il faut certaines conditions de sol, de hauteur ou d'exposition pour se produire bien caractérisée. La chenille vit en mai et juin sur l'aubépine.

Brumaria, Esp. Partout, sur les haies. Novembre, décembre. La chenille en mai sur le prunelier et l'aubépine.

Rupestraria, Bdv. Mont-Dore. Juillet, août.

Cette géomètre est très-abondante dans le haut de la vallée de Cacadogne, et sur toutes les pentes nord et ouest des autres vallées qui aboutissent à celle de la Dordogne.

G. **LOBOPHORA**, Curt.

Lobularia, Bdv. Puy-Guillaume, dans les taillis de chênes. Mai.

G. **EUPITHECIA**, Curt.

Impuraria, Bdv. Mont-Dore, sur les murs en pierres sèches au bord des chemins. Juillet.

Minoraria, Bdv. Thiers, pentes de la Durole. Juillet.

Minoraria n'est pas rare dans les rochers de la rive gauche de la Durole, un peu au-dessus de Thiers; mais il est difficile de la rencontrer très-fraîche.

Oxydaria, Bdv. Environs de Thiers. Juillet.

Centaurearia, Bdv. Mont-Dore, bois de Chaudefour. Juillet.

Innotaria, Bdv. Mont-Dore, dans les bois. Juillet.

Linaria, Bdv. Mont-Dore, Puy-Jumet, hauteurs de Chaudefour. Juillet.

Rectangularia, Bdv. Environs de Thiers. Juillet.

Je ne doute pas que ces sept espèces ne fassent qu'une très-minime portion de nos *Eupithecia* d'Auvergne : nous devons bien certainement en posséder un bien plus grand nombre ; mais ces géomètres, par leur petite taille, et par leur instinct qui les porte à se tenir très-soigneusement cachées dans le jour, doivent échapper longtemps aux recherches ; et ce n'est que par de laborieuses et longues explorations qu'on peut espérer d'allonger un peu leur liste.

G. CHESIAS, Tr.

SPARTIARIA, Bdv. Champs de genêts. Octobre.

La chenille est très-commune au mois de mai sur les genêts, surtout dens les montagnes : elle est délicate, et périt souvent en captivité.

OBLIQUARIA, W. V. Champs de genêts. Juin.

G. CIDARIA, Tr.

POPULARIA, Bdv. Mont-Dore, hautes prairies de Chaudefour. Juillet.

PYRALIARIA, Bdv. Mont-Dore, Chaudefour, Durtol, Thiers, sur les bords de la Durole à Saint-Roch. Juillet.

FULVARIA, Bdv. Mont-Dore, fond de la vallée de Chaudefour. Juillet.

VARIARIA, Bdv. Mont-Dore, dans les bois de sapins de la Chanaux et du Capucin. Juillet.

RUPTARIA, Bdv. Mont-Dore, dans les bois de sapins, Royat, etc. Juillet.

SIMULARIA, Bdv. Bois élevés, Durtol, Randan, Châteldon, etc. Juillet.

RUBIDARIA, Bdv. Environs de Thiers, sur les coteaux secs et chauds, les Horts, montagne des Champs, etc. Juin.

BADIARIA, Bdv. Haies des environs de Thiers. Mars, avril.

J'ai obtenu d'éclosion, les 27 mars et 2 avril 1853, trois individus de cette jolie géomètre dont les auteurs fixent l'apparition en juin ; peut-être a-t-elle deux époques ? Les chenilles ayant été élevées en compagnie d'un grand nombre d'autres chenilles cratégivores, il m'est impossible de rien retrouver sur elles.

DERIVARIA, Bdv. Environs de Thiers, sur les haies. Mai.

RIBESIARIA, Bdv. Partout, sur les haies. Juin, Juillet.

La chenille est excessivement abondante en mai dans toutes les haies, sur l'aubépine, le prunelier, et surtout sur le groseillier épineux : elle croît très-rapidement et est facile à élever. Le papillon varie légèrement : quelques individus ont une teinte jaunâtre assez prononcée.

RETICULARIA, Bdv. Mont-Dore. Juillet.

J'ai vu un seul exemplaire de cette géomètre pris dans le bois de la Chanaux, au bord du ruisseau, sur une touffe de *Sambucus racemosa*.

RUSSARIA, Bdv. Bois élevés, Mont-Dore à Chaudefour, Montoncelle, bois de Lachaux, etc. Juillet.

Var. *Immanaria*, Curtis. Chaudefour.

J'ai pris un seul exemplaire de cette belle variété près du village de Moneau.

ELUTARIA , Bdv. Mont-Dore, bois de sapins de la Chanaux, du Capucin, etc. Juillet.

IMPLUVIARIA , Bdv. Mêmes localités. Juillet.

Ces deux espèces, toutes deux fort abondantes dans les bois de sapins, sont très-voisines , et on rencontre souvent des individus que l'on ne sait à laquelle des deux rapporter ; ne constitueraient-elles qu'une seule et unique espèce variant beaucoup ? C'est ce que la connaissance seule des chenilles pourrait décider.

OLIVARIA , Tr. Mont-Dore, dans les bois de sapins, environs de Thiers , pentes de la Durole sous Degoulat. Juillet.

TOPHACEARIA , Bdv. Thiers , pentes de la Durole sous Bitor. Juillet.

Tophacearia paraît très-rare : je n'en ai pris encore que trois exemplaires, quoique j'aie exploré bien souvent la localité où je les ai rencontrés.

PICARIA , Bdv. Mont-Dore , au fond des vallées ; Puy-Guillaume, prairies des bords de la Dore. Juillet.

APTARIA , Bdv. Mont-Dore , dans les bois de sapins. Juillet.

G. **MELANIPPE** , Dup.

MACULARIA , L. Partout. Mai, juin.

MARGINARIA , H. Lieux frais, fourrés du bord des rivières, oseraies de la Dore près de Dorat, etc. Juin, juillet. La chenille en mai sur le *Salix viminalis* et autres osiers.

TRISTARIA, Bdv. Mont-Dore, hauteurs de Chaudefour, sur les gentianes. Juillet.

RIVULARIA, Bdv. Mont-Dore, dans les bois. Juillet.

RIVARIA, Bdv. Thiers, pentes de la Durole. Juillet.

ALCHEMILLARIA, Bdv. Coteaux secs des environs de Clermont, grèves de l'Allier, etc. Juillet.

G. **MELANTHIA**, Bdv.

MONTANARIA, Tr. Mont-Dore, dans les bois. Juillet.

Montanaria est commune dans tous les bois des environs du Mont-Dore et de la vallée de Chaudefour : je l'ai rarement rencontrée dans d'autres localités, quoique, au dire des auteurs, elle se trouve à peu près partout.

OCELLARIA, Bdv. Bois, broussailles, rochers du bord des ruisseaux et des rivières. Juin, juillet.

FLUCTUARIA, Bdv. Coteaux secs et pierreux, sur les rochers et sur le tronc des arbres. Juin, juillet.

STRAGULARIA, Bdv. Mont-Dore, bois de sapins du Capucin. Juillet.

GALIARIA, Bdv. Thiers, pentes de la rive gauche de la Durole. Juin, juillet.

BLANDIARIA, Bdv. Mont-Dore, Puy-Jumet. Juillet.

Les taillis qui couvrent les flancs du Puy-Jumet, sur la gauche de la vallée de Chaudefour, sont la seule localité où j'aie rencontré cette petite géomètre : elle y est très-abondante, et on ne peut battre un buisson sans en faire partir plusieurs.

RUBIGINARIA , Bdv. Coteaux arides et chauds, environs de Thiers, pentes pierreuses de Margeride, etc. Juin, juillet.

ADUSTARIA , Bdv. Thiers, murs et rochers sous Turelet. Juillet.

ALBICILLARIA , Bdv. Mont-Dore , dans les prairies et les bois. Juillet.

G. ZERENE , Dup.

GROSSULARIA , Bdv. Partout, sur les haies de groseilliers. Juillet.

La chenille est très-commune en mai et juin sur toutes les haies de groseilliers : elle est robuste, et son éducation réussit toujours. Le papillon ne varie pas du tout pour les couleurs, mais seulement pour la taille qui va du simple au double pour quelques individus.

G. CABERA , Dup.

TAMINARIA , H. Bois humides , broussailles du bord des ruisseaux , bords de la Credogne à Chanfigne, etc. Juin.

PUSARIA , L. Lieux frais, fourrés du bord des rivières. Mai , juillet.

EXANTHEMARIA , Esp. Bords de la Dore à Néronde, Dorat, etc. Juin.

J'ai pris assez souvent la chenille en battant en mai des touffes d'osiers sur les grèves de la Dore : elle s'élève facilement et réussit très-bien.

STRIGILLARIA, Esp. Forêt de Randan. Avril, juillet.

CONTAMINARIA, H. Bois, champs, prairies, Randan, Châteldon, Lachaux, etc. Juin, juillet. La chenille en mai sur les chênes.

ONONARIA, Bork. Forêt de Randan, clairières et défrichements sur la route de Vichy. Juin.

G. EPHYRA, Dup.

PICTARIA, Curt. Haies des environs de Thiers. Avril. La chenille en juin sur le prunelier.

PUNCTARIA, L. Partout, sur les chênes. Mai, juillet. La chenille en juin et août sur le chêne.

G. ACIDALIA, Bdv.

ORNATARIA, Esp. Prairies sèches, clairières des bois. Mai, août.

DECORARIA, H. Environs de Thiers, pentes de la rive droite de la Durole, près de Brioude. Août.

SUBMUTARIA, Bdv. Thiers, coteaux pierreux. Juillet.

J'ai pris une seule fois cette *Acidalia* appliquée contre un rocher, dans les pentes au-dessous de Degoulat.

IMMUTARIA., H. Coteaux arides, Thiers, pentes du Cordon. Juillet.

CONTIGUARIA, H. Thiers, rochers des bords de la Durole. Juillet.

INCANARIA, H. Partout. Août, septembre.

Incanaria est extrêmement répandue : on la trouve

absolument partout. Elle varie beaucoup, soit pour la taille, soit pour la netteté du dessin.

RUSTICARIA , Dup. Mont-Dore, dans les bois de sapins. Juillet.

BISETARIA, Dup. Thiers, bords de la Durole. Août.

J'ai pris une seule fois cette espèce dans les rochers de la rive gauche de la Durole, vis-à-vis de Brioude.

RUFARIA , H. Mont-Dore. Juillet.

PALLIDARIA , H. Mont-Dore. Juillet.

Ces deux espèces voisines se trouvent ordinairement ensemble: elles ne sont pas rares au Mont-Dore, dans les prairies sèches, et sur les pentes gazonnées exposées au midi.

RUBRICARIA, H. Environs de Thiers, sur les coteaux secs, montagne des Horts, de la Feuille, etc. Juillet.

OSSEARIA, H. Bois secs, taillis de Châteldon, Lachaux, etc. Juillet.

CANDIDARIA , H. Prairies, bois frais, Royat , bois de Margeride, de Celles, etc. Mai, juin.

IMMORARIA, H. Bois secs, bruyères, Randan, etc. Juin.

STRIGARIA , H. Environs de Thiers. Juin.

SYLVESTRARIA , Bork. Mont-Dore , clairières des bois de sapins. Juillet.

REMUTARIA, H. Mont-Dore, dans les bois. Juillet.

DEGENERARIA , H. Taillis, broussailles, Durtol , Royat, etc. Juin.

AVERSARIA, H. Thiers, bords de la Durole. Août.

J'ai pris un seul individu de cette *Acidalia*, dans la même localité que *Bisetaria*.

UMBELARIA, H. Mont-Dore, dans les champs de *Genista purgans*, et les prairies au-dessus des bois de Chaudefour. Juillet.

PRATARIA, Bdv. Mont-Dore, vallée de la Dordogne, prairies du fond de la vallée de Chaudefour. Juillet.

G. TIMANDRA, Dup.

AMATARIA, L. Partout, sur les haies. Mai, juillet.

Amataria se trouve à peu près partout, mais isolément : il ne m'est jamais arrivé d'en prendre à la fois deux individus dans la même localité.

G. STRENIA, Dup.

CLATHRARIA, H. Terrains calcaires, dans les trèfles, sainfoins, luzernes, Randan, Aigueperse, environs de Clermont, etc. Mai, juillet.

G. SIONA, Dup.

DEALBARIA, H. Puy-de-Dôme. Juin.

Cette géomètre doit bien certainement exister sur plusieurs points du Mont-Dore; je ne l'y ai jamais prise, probablement parce que je ne me suis pas trouvé sur les lieux à l'époque de son apparition.

G. STHANELIA, Bdv.

HIPPOCASTANARIA, H. Forêt de Randan. Août.

G. **ODEZIA**, Bdv.

CHÆROPHYLLARIA, Bdv. Prairies élevées, allées des bois, Royat, Mont-Dore, Montoncelle, etc. Juin, juillet.

Cette espèce est abondante dans les localités qu'elle habite; mais, si l'on veut la prendre fraîche, il faut la chasser dans les premiers jours de son apparition, car elle se déflore très-promptement.

G. **TORULA**, Bdv.

EQUESTRARIA, Esp. Mont-Dore, Pierre-sur-Haute. Juillet.

Cette jolie géomètre est extrêmement commune dans quelques localités du Mont-Dore, comme les flancs du Pic-de-Sancy, les pentes de la vallée du Cliergue, et celles de Chaudefour. Elle est difficile à chasser, ayant une prédilection très-prononcée pour les endroits les moins praticables, où l'on ne peut guère aller qu'en s'aidant des pieds et des mains. Comme l'espèce précédente, elle se fane pour peu qu'elle ait volé.

G. **MINOA**, Dup.

EUPHORBIARIA, H. Lieux secs, broussailles. Juillet.

Cette petite espèce est fort abondante aux environs de Thiers, dans les pentes sèches et gazonnées des bords de la Durole.

ADDENDA.

Depuis que le Catalogue qui précède est terminé, les explorations des premiers mois de cette année, 1854, m'ont mis dans le cas de l'augmenter de quelques espèces de Lépidoptères que je n'avais pas encore rencontrées. J'ajoute donc ici ces espèces, en priant le lecteur de vouloir bien rapporter chaque article à la place où il doit se trouver dans le Catalogue.

Lycæna Alcon, F. Lachaux. Juillet, août.

J'ai pris au commencement d'août, en assez grande quantité, ce *Lycæna*, dans une prairie humide, à la base nord de la montagne dite Redsoul ou la Grande-Pierre, près de Lachaux. La plus grande partie des sujets avait évidemment plusieurs jours d'éclosion, et plusieurs étaient certainement nés en juillet. Vu le retard qui a été remarqué cette année pour toutes les espèces, l'époque ordinaire d'*Alcon* doit être du 15 au 20 juillet. Le type est plus petit que celui des environs de Paris, et surtout que celui de la Gironde.

Erebia OEme, H. Pierre-sur-Haute, pentes sud et ouest, près des Jasseries de la Richarde, au haut des bois de sapins. Juillet.

OEme ne paraît pas être rare dans cette localité. Lorsque je l'y ai pris, les premiers jours d'août, tous les ☿

étaient usés, quelques ♀ seules étaient fraîches. Il volait en compagnie d'*Euryale*, mais était bien moins abondant que lui. Je ne crois pas qu'on eût encore signalé *OEme* dans les montagnes du centre de la France.

SATYRUS PHILEA, H. Mêmes localités. Juillet.

Philea paraît commun, mais il était encore plus usé qu'*OEme;* à peine ai-je pu en prendre trois ou quatre sujets passables. Le type est très-bien caractérisé, et un peu plus grand qu'il n'est généralement dans les Alpes suisses.

LASIOCAMPA PINI, L. Saint-Rémy. Juillet.

Comme je le pressentais, j'ai enfin rencontré cette belle espèce. J'ai pris en juin dernier, sur le tronc de vieux pins, dans les bois de Colonge, près Saint-Rémy, deux coques, dont l'une vide et déjà ancienne, et l'autre de l'année, qui m'a donné une ♀. Autant qu'il est possible de porter un jugement d'après un seul exemplaire, le type d'Auvergne serait beaucoup plus petit, et d'une teinte plus pâle et plus jaunâtre que celui de Bordeaux : il se rapprocherait de celui de la Lozère et du Lyonnais.

NOCTUA BAJA, F. Bois de Royat. Août.

J'ai pris un seul exemplaire de cette *Noctuelle*, qui partit en plein jour d'une touffe de graminées, au bord du sentier qui traverse le fond du bois, près du ruisseau.

LUPERINA BASILINEA, F. Thiers, bords de la Durole. Juin.

J'ai rencontré un seul sujet en débris de cette *Noctuelle*, appliqué contre un rocher de la rive gauche, vis-à-vis de Brioude.

APLECTA SPECIOSA, H. Pierre-sur-Haute, dans

les bois de sapins au-dessous de la Jasserie du Re-
clavet. Juillet.

Le seul exemplaire, en assez mauvais état, de cette
Noctuelle que j'aie rencontré, voltigeait à la pointe du
jour sur le gazon, au pied d'un vieux sapin.

Mythimna Turca, L. Montpeyroux, près Puy-
Guillaume. Juin.

J'ai pris à la miellée un débris de cette espèce à peine
reconnaissable.

Ennomos Advenaria, Esp. Taillis de chênes au-
dessus de Puy-Guillaume. Juin.

J'ai pris, en juin dernier, trois ou quatre individus
en débris dans le bois Mariol.

Ennomos Quercaria, H. Bois de Châteldon,
dans les taillis de chênes. Août.

Aspilates Sacraria, L. Montpeyroux, près Puy-
Guillaume. Juin.

J'ai pris à la lanterne un seul exemplaire de cette
Géomètre méridionale.

Eupisteria Hepararia, H. Escoutoux, pentes
boisées de la rive gauche du ruisseau, près de Les-
trade; bords de la Credogne, près de Puy-Guillaume,
sur les aulnes. Juin.

Boarmia Consortaria, F. Bords de la Credogne, près de la Poucette. Juillet.

Ephyra Trilinearia, Bork. Puy-Guillaume,
taillis de chênes du bois Mariol. Juin.

ACIDALIA EMARGINARIA , H. Puy-Guilleume. Juillet.

ACIDALIA IMITARIA , H. Puy-Guillaume. Juillet.

J'ai pris un exemplaire de chacune de ces *Acidalia*, le même jour, sur les bords de la Credogne, près du Layat, dans les fourrés plantés d'aulnes.

TABLE ALPHABÉTIQUE DES GENRES

CONTENUS DANS LE CATALOGUE.

Clermont, impr. Thibaud-Landriot frères.

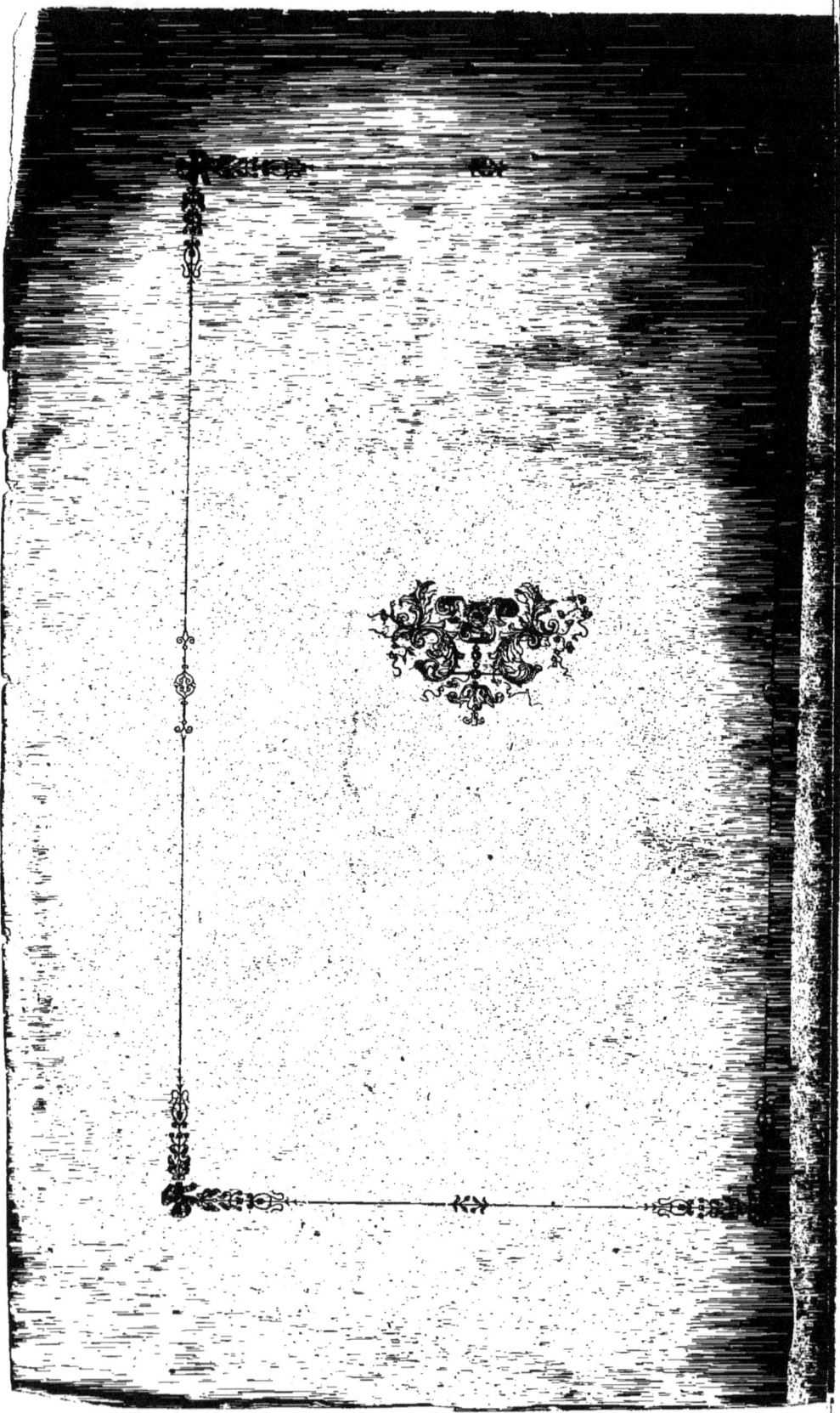

www.ingramcontent.com/pod-product-compliance
Lightning Source LLC
Chambersburg PA
CBHW071910200326
41519CB00016B/4558